既有建筑加层技术与政策研究

住房和城乡建设部政策研究中心
北京筑福国际工程技术有限责任公司 编著

中国建筑工业出版社

图书在版编目（CIP）数据

既有建筑加层技术与政策研究/住房和城乡建设部政策研究中心等编著．—北京：中国建筑工业出版社，2013.5

ISBN 978-7-112-15333-6

Ⅰ.①既…　Ⅱ.①住…　Ⅲ.①建筑物—加固—研究　Ⅳ.①TU746.3

中国版本图书馆CIP数据核字（2013）第073142号

责任编辑：曲汝铎
责任设计：张　虹
责任校对：王雪竹　赵　颖

既有建筑加层技术与政策研究

住房和城乡建设部政策研究中心
北京筑福国际工程技术有限责任公司　编著

*

中国建筑工业出版社出版、发行（北京西郊百万庄）
各地新华书店、建筑书店经销
北京永峥印刷有限公司制版
北京世知印务有限公司印刷

*

开本：850×1168毫米　1/32　印张：5½　字数：146千字
2013年6月第一版　2013年6月第一次印刷
定价：**28.00**元

ISBN 978-7-112-15333-6
（23441）

《既有建筑加层技术与政策研究》

编　委　会

本书概要

“建筑寿命的延长是最大的节能”，在当前全社会提倡低碳经济的大环境下，对既有建筑进行加层加固改造，完善既有建筑功能，延长其全寿命周期，是非常具有现实意义的工作。截至2010年底，我国既有建筑总面积达480亿m^2，其中需要改造的建筑有30%左右。对既有建筑进行抗震节能、加层加固等改造是坚持科学发展观，实现社会、经济可持续发展的必然选择，是实现中国绿色经济发展的最新实践。

本书的一大特色是从技术政策和工程实践两个方面，对既有建筑加层改造工作作了深入阐述与探讨，具有比较完备的理论体系和指导实践可操作性。本书主要内容共有三篇总计十一个章节。

第一篇为既有建筑加层政策体系，分三个章节。既有建筑加层改造相关政策法规，是支撑和引领既有建筑加层改造及相关产业发展的法律保障。建立、健全既有建筑加层改造的政策法规体系，是我国既有建筑加层改造工作的关键环节。本篇梳理了国内外既有建筑改造的主要政策法规，总结了国外建筑改造法律法规对我国的借鉴与启示，对我国相关行业法律法规的构建和完善提出了建议。

第二篇为既有建筑加层技术体系，分六个章节。本篇首先从既有建筑加层改造的工程实践入手，分析和研究了既有建筑加层改造的技术体系，包括既有建筑加层改造的鉴定、技术方法选择到抗震加固，以及改造后综合处理的研究，形成完备的技术体系研究。

第三篇为既有建筑加层改造工程应用技术指南，包括正文与条文说明两个章节。本篇是本书的又一原创内容和特色部分。本章节工程技术指南文件，来源于中华人民共和国住房和城乡建设部研究项目——我国既有建筑加层加固技术与政策体系研究（项目编号 2011-k2-28）的项目报告，该工程技术指南得到了项目验收专家的一致认可和好评，具有工程实践的技术指导意义和可操作性。

本书重点研究我国既有建筑加层改造的政策体系和加层技术体系（混凝土结构、砌体结构等），通过对既有建筑加层改造工程的实践分析，总结编制的“既有建筑加层改造工程应用技术指南”，具有高度的工程实践指导意义和技术可操作性。本书的出版发行，能为提高我国既有建筑加层改造技术的设计、施工和验收等提供技术支持，同时对我国既有建筑加层改造相关法律法规的制订和完善，也具有重要的参考价值。

李秉仁　住房和城乡建设部科学技术委员会常务副主任
中国建筑装饰协会会长

建筑寿命的延长
是最大的节能
李秉仁

赵冠谦　建筑大师　中国建筑设计研究院

加层改造，节能节地
赵冠谦

序

我国改革开放30多年来，经济持续快速增长，城镇化、工业化、现代化进程逐步加快。在此过程中，建筑业、房地产业空前繁荣。近年来，我国城镇每年增加的新建建筑面积约为20亿m^2，截至2010年，既有建筑的总面积达到480亿m^2。当前，在建筑节能、绿色建筑、低碳社会发展大趋势下，既有建筑改造问题的重要意义日益凸显。

在实施建筑节能、发展绿色建筑的过程中，有大量国际经验可供我们借鉴，其中非常重要的一项，就是很多国家都针对不同的气候地理环境和经济社会背景，推进了具有不同特点的既有建筑改造。原联邦德国1973年出台了《城市房屋现代法》，该法的核心是如何把既有建筑改造得更安全，并允许既有建筑增加面积；另一方面，该法通过立法的形式给既有建筑的加固改造搭建了一个投融资平台，即通过加层改造、抗震加固的形式来融资。日本对既有建筑的改造也已立法，规定不满30年的住宅不允许拆除。在日本通常将建筑垃圾的处理、资源的可持续、社会管理成本、业主的成本等附加成本都算进来，再加上建设成本，计算得出的结论是重建费用达到了改造加固费用的15倍。国际上对既有建筑是采用拆除重建还是加层加固，通常采用效益比来衡量。我国台湾地区的中小学抗震加固的效益比比较低，一般为0.4，如果超出重建的0.4就拆除。日本的效益比是法定的，如果把不满30年的既有建筑拆除，会遭到建完成本两倍的罚款。我国近年来部分城市也开始启动既有建筑的改造，以北京为例，按新建与改造效益比3.4，将既有建筑进行分类，如果超出这个数据则拆除。

目前，我国既有建筑改造主要有节能改造、抗震加固、加层加梯以及屋顶平改坡等几种做法。北京既有建筑的改造重点是老旧小区综合改造。这项改造前后经历了三次：第一次为老旧住宅的抗震改造，就是对1980年以前的建筑全部进行抗震鉴定，凡是不符合现行设防标准的全部进行抗震加固，达到8度抗震设防标准要求；第二次为老旧房屋的抗震节能综合改造，对于不抗震和不节能的建筑，进行抗震和节能一体化综合改造；第三次是从2012年起开始推进的老旧小区综合改造，改造范围扩大到1990年以前的建筑。对于1980年至1990年的建筑单独进行节能改造，对于1980年以前建筑，需要进行抗震和节能综合改造。北京目前国有土地上建筑面积为8亿多m^2，主要包括住宅和公建，再加上农村2亿m^2，共10亿多m^2。在8亿多m^2的城市建筑中，1980年以前的建筑有5800万m^2左右需要抗震加固，有6000万m^2的建筑需要进行节能改造。另外，农村的2亿多m^2的房屋基本都是不抗震的，都需要进行抗震加固改造。

“十二五”期间，北京计划完成1980年至1990年期间建成的3000万m^2老旧房屋的节能改造，及1980年前建成的1642万m^2老旧楼房的抗震节能综合改造。2012年，北京计划改造1500万m^2老旧小区，其中包括单项节能改造和抗震节能综合改造。目前，北京既有建筑加层改造主要由政府主导，国际上对于加层改造采取的办法大都交给市场，涉及规划和土地问题再由政府协调解决。北京的改造政策已经全部覆盖了规划和土地等问题，政府文件明确规定可以通过加层改造方式扩大使用面积。目前，北京采用加层措施的老楼中，每户一般能增加8～15m^2的面积，可解决部分收入不高家庭的住房不足问题，房屋需求量一定程度上得到缓解，在现阶段对房价也可起到一定程度的抑制作用。而且抗震加固改造的房子大部分都在城市较好的地段，仅增加面积一项，如果按每平方米4000元成本计算，就等于直接把每平方米4000元转化成每平方米40000～50000元（目前市场价格）的固定资产，受益的是业主。北京现在对老旧住宅的各种改造规划，提供了政策保障和简化审批手续等措施。对于老旧住宅的加层改造，采用了更加灵活的政策支持和技术保障，并利用财政投资、售房款、住宅专项维修资金、个人公积金、责任企业资金和社会投资等，多渠道提供了资金保障。

老旧住宅的加层改造工作，是北京城市建设战略的重要组成部分。既有建筑加层改造在解决现有业主的住房面积问题之外，把既有建筑的加层部分用作公租房，则社会管理成本、交通、业主的生活成本等都会大大降低。同时，在一定程度上也可以解决保障性住房面积不足和区位配置等问题。盲目地把保障住房往郊区建设，将来交通会更加拥堵，带来更多的社会和经济问题。既有建筑改造的规划和技术指导，尤其加层改造的工程实践经验，值得在全市、全国推广和实施。

既有建筑加层改造课题的研究是非常有意义的，我国无论从体制，还是机制建设上对既有建筑改造方面都是一个空白。我国既有建筑使用过程中，没有专门的部门来监管，更缺乏有针对性地对既有建筑改造的规划和发展指导。通过对既有建筑加层课题的研究，在解决上述问题的同时，研究成果更可以指导建筑工程实践，不仅可以节约投资、保护环境，而且对缓解目前紧张的城市用地具有重要的现实意义。在当前我国大力发展绿色经济的社会氛围下，既有建筑改造经济和社会效益兼备，具有十分显著的推广价值。

北京市住房和城乡建设委员会副主任　张农科

前　言

既有建筑的改造是当前我国建筑行业内的热门话题之一。截至2010年底，我国既有建筑总面积达480亿m^2。根据2005年统计，全国既有建筑中70%是20世纪90年代以后的建筑，目前需要改造的建筑有30%左右。很多既有建筑的耐久性、安全性、舒适性难以满足人们的需要，如何解决这些问题？全部推倒重建并不现实，也不符合我国的可持续发展战略。有关专家指出，重建是加固改造费用的15倍，重建的费用主要包括拆迁成本、垃圾处理、新建成本和社会成本等附加成本，解决这些问题的最佳途径就是进行合理的改造，延长建筑的使用寿命。

我国既有建筑改造市场正逐步成熟，使得保护性改造不仅仅是目标，更应该成为建筑市场的常态，大拆大建会逐步退出历史的舞台。通过调研发现，世界大部分国家的城市建设大体可以总结为三个阶段：第一个阶段为大规模新建阶段；第二个阶段为新建与维修改造并重的阶段；第三个阶段重点转为对旧建筑的抗震加固和加层改造阶段。“二战”以后，世界各国普遍进入大规模的新建建筑时期，重点解决“二战”后的房荒问题。20世纪40年代到70年代前后，大量新建的各种建筑以住宅为主，20世纪70年代到90年代，总体上属于新建与改建并重阶段。住房和城乡建设部于20世纪90年代提出“建设数量和建筑质量并重，工程建设和功能建设并重，新区建设和旧城改造并重，小区建设和物业管理并重”，在基本解决住房困难问题的同时，开始重视对已建住宅的维护和改造。20 世纪 90 年代以来，新建住宅的规模趋于稳定，建筑市场重点转向既有建筑的抗震加固和加层改造逐步增长的时期。

我国既有建筑的加层改造技术起步并不算晚，但发展速度较慢。据不完全统计，全国已经建成的加层改造工程数千例，遍布 20 多个省会城市、直辖市和众多的大中城市，直到 20 世纪 70 年代初，我国既有建筑的加层改造工程才得到发展，陆续开展对旧建筑的改造、抗震加固、加层等工作，但到目前为止，我国既有建筑加层改造尚缺乏明确的、具有推广价值的政策支持体系。

近几年，我国既有建筑的加层改造发展速度较快，但技术体系尚不完善，工程实践经验领先于理论研究，政策支持还不到位，难以适应变化各异的工程实践。各地的加层改造工程主要是根据工程技术人员的经验而定，无统一标准可循。现有的文献大多停留在介绍工程实例和经验的层次上，缺乏严谨的理论分析和试验基础，急需通过系统的科学研究，对既有建筑加层改造理论进行深入的研究，为今后建立标准化的技术规范提供技术支持。

通过对我国既有建筑加层政策体系和加层技术体系研究，使主管城市建设发展的政府部门、科研和设计单位、开发企业以及投资商等提高对既有建筑加层改造的认识，进而促进既有建筑加层改造事业的发展。既有建筑加层改造工程可增加单位土地面积建筑容积率，节省城市配套设施，节约投资和材料，又可避免因拆迁造成的社会矛盾和环境污染。既有建筑加层改造的同时，对原有建筑物进行抗震加固和节能改造，可达到完善原有建筑物使用功能和延长使用年限的目的。

本书通过对既有建筑加层改造工程实践的调研分析，从中吸取大量的工程经验，来完善既有建筑的加层改造的可操作性和实用性。本书重点研究我国既有建筑加层改造的政策体系和加层技术体系（混凝土结构、砌体结构等），并根据研究成果编制了《既有建筑加层改造工程应用技术指南》，以供工程技术人员参考使用。通过研究可以形成既有建筑加层改造技术管理上的一致性，相信本书的出版能为提高我国既有建筑加层改造技术的设计、施工和验收等提供技术支持。本书可供既有建筑加层改造的工程技术人员和有关加层改造工程的管理人员参考使用。

在本书的编制过程中，业内的专家、教授和工程技术人员为本书的编写提供了大力支持，在此表示感谢。由于编写时间仓促，编者水平有限，疏漏和不足之处在所难免，敬请广大读者及相关专业人员批评指正。

北京筑福国际工程技术有限责任公司总裁　董有

目　录

第一篇　既有建筑加层政策体系

第二篇　既有建筑加层技术体系

第三篇 既有建筑加层改造工程应用技术指南

第一篇　既有建筑加层政策体系

第一章　我国既有建筑加固加层改造概述

随着我国城镇化进程的加快，建筑业得到了快速发展，既有建筑的规模与日俱增。面对既有建筑带来的诸多问题，如何对其进行安全性维护、节能改造和使用功能改善，避免大拆大建，是关系人民生命财产安全，确保能源、资源节约利用与环境保护，实现可持续发展的关键。研究制定推动既有建筑改造的政策，对于提高全社会对既有建筑改造的重视程度，鼓励既有建筑改造的实施，规范既有建筑改造的行为，加快环境友好型、资源节约型社会建设具有非常重要的现实意义。

通过对既有建筑进行加层改造，同时进行节能改造与抗震加固改造，达到完善原有建筑物的使用功能，延长原有建筑物使用年限的作用，这与国家倡导的绿色经济与节能环保一脉相承，是利国利民的好事。调查显示，随着城镇人口的不断增长，城镇急需大量的建筑，原有的住宅、学校、宿舍等用房明显不足，大量的办公楼需要扩建增加建筑面积。我国城市人均土地面积很少，且国家的政策不允许占用良田来建造房屋，这些基本国情决定了我国对低层或多层建筑必须尽可能进行改造利用，而不能推倒重建，如果推倒重建，将消耗大量的资金和原材料。因此，既有建筑加层改造不仅势在必行，而且也存在着巨大的现实需求和广阔的市场前景。

1.1　既有建筑加层改造的优点

近年来，随着经济的快速增长，许多既有建筑物由于受当时的经济条件和建筑技术制约，在建筑功能完善程度、建筑结构的形式以及抗震等方面已不能满足新的需求。因此，需要在既有建筑物上进行改造，以扩大建筑的使用面积。这样就会增加单位土地面积建筑容积率，节省城市配套设施，节约投资和材料，降低拆除重建的建设投资，提升既有建筑的市场价值和品质，使既有建筑旧貌换新颜，又可避免拆迁难等问题，达到经济、适用的目的。既有建筑加层改造的优点主要有：

1. 原建筑一般多在地理位置好、交通方便、生活配套设施较完善的成熟社区，改造这样的建筑无需征地，节约征地费用和配套费用。在寸土寸金的城市，仅土地购置费用一项，就可相当于整个建筑工程的费用，甚至更高。

2. 在占地面积不变的情况下，既有建筑加层，可以提高该区域的建筑容积率，不但节约用地，而且还不影响周边环境的协调。

3. 原建筑加层改造，应尽量在不停止原建筑使用的条件下进行施工，达到不误生产、不误生活、不误工作的目的。这样原居住者可不用搬迁，解决了拆迁过渡的难题，节省搬迁费用。

4. 在加层改造过程中，与市政配套设施改造同步进行，更新原有水、暖、电等配套设备，从而达到改善建筑的使用功能、节约能源的作用。

5. 由于加层改造的建设周期短、投资小、见效快，对于目前缓解建房速度跟不上日益增长的需求量，具有十分重要的作用。

6. 加层改造是既有建筑由低层或多层建筑变为多层、中高层或高层建筑的有效途径。

7. 充分利用既有建筑物长期荷载作用下，地基承载力的增长剩余，在地基不作处理或略加处理的条件下，直接进行加层改造，其经济效益十分显著。

8. 原建筑加层改造一般要求与抗震加固相结合，通过提高建筑物的抗震能力，改善结构受力条件，来延长建筑物的使用年限。

目前，在我国大中城市中，有相当数量的既有建筑具备加层改造条件，通过对上述加层改造的优点分析，可以看出既有建筑加层改造不仅可以节约投资，而且对缓解目前紧张的城市用地具有重要的现实意义。

1.2 既有建筑的平均寿命

既有建筑大拆大建的直接后果是建筑寿命普遍“短命”。2006 年 10 月，青岛市著名地标青岛大酒店被整体爆破，建成仅 20 年。2007 年 1 月，曾经的西湖边最高楼浙江大学原湖滨校区 3 号楼被整体爆破，建成仅 13 年。2009 年 2 月，曾经的亚洲跨度最大的拱形建筑沈阳夏宫被整体爆破，只有 15 岁的夏宫 2 秒钟内变成一堆废墟。2010 年 2 月，南昌的著名地标五湖大酒店被整体爆破，建成仅 13 年。2010 年 5 月，位于北京建国门黄金地段，建成刚 20 年的地标凯莱大酒店宣布将停业拆除。日本在 20 世纪 80 年代就提出了“百年住宅”的建设构想，大部分采用 C40 以上的混凝土，而中国大部分短命建筑使用的都是 C20 的混凝土，仅此一项差距就使建筑至少短命十几年。

根据《住宅建筑规范》GB 50368 的规定，我国普通住宅结构的设计使用年限不应少于 50 年，但据报道，我国普通住宅建筑的平均寿命仅为 30 ~ 40 年，不仅远低于欧美各国百年左右的建筑寿命，也未达到设计使用年限，各国建筑平均寿命统计见图 1-1-1。住房和城乡建设部副部长仇保兴在第六届国际绿色建筑与建筑节能大会上说：“我国是世界上每年新建建筑量最大的国家，每年有 20 亿 m^2 新建面积，相当于消耗了全世界 40% 的水泥和钢材。”而建筑只能维持如此短的寿命，除了城市规划的原因外，建筑质量不高、建筑功能无法满足长远住房需求也是其中的重要原因之一。

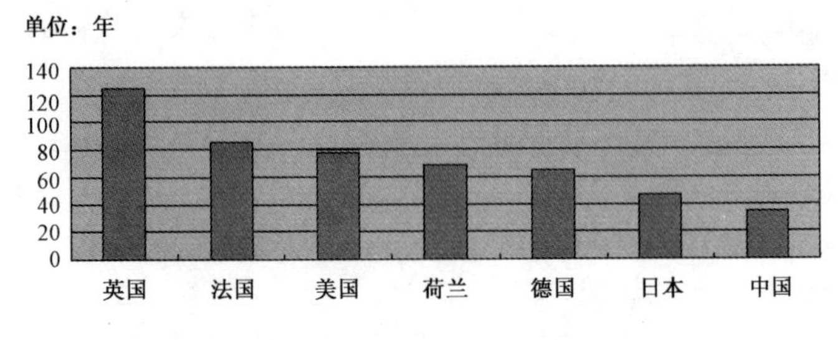

图 1-1-1　各国建筑平均寿命统计

目前，既有建筑的加层改造是近年来建筑改造工程的一种重要形式。对既有建筑物实施加层改造，不仅可以缓解日趋紧张的城市用地矛盾，提高土地利用率，还有缩短工期，无需征地、拆迁等费用的特点。加层改造比新建可节约投资约 1/15，具有显著的社会效益和经济效益。这充分说明既有建筑加层改造是改变我国城市建设的重要途径之一，是适合我国国情的一项利国利民的技术改造。

1.3　既有建筑加层改造的原则

既有建筑加层改造设计时，首先要分析该建筑经济效益、社会效益、环境效益；其次应对原建筑进行检测、鉴定与评估，分析其结构体系受力状况、安全和地基基础的受力情况等。在确定可以进行加层改造方案后，其设计的重点是地基、基础及结构设计，并注意新老建筑各部位的连接。

既有建筑是否满足加层改造的条件，应由建造年代、破损程度、结构情况、建筑物重要程度及使用要求等进行鉴定、评估。通常对于现状较好的建筑采用直接加层，直接加层一般适用于砖混结构或钢筋混凝土结构，由于受长期荷载的作用，原建筑物的沉降基本完成，地基基础承载力有剩余。对于增加层数较高的建筑，一般采用外套加层法或隔震穿透法。在选择原建筑物加层改造对象时，要注重原建筑物的安全设计，既有建筑加层改造应满足以下原则：

1. 安全可靠：既有建筑加层改造应满足国家标准《建筑抗震设计规范》GB50011 的规定。合理的地震力作用传递路线，良好的适应变形能力和吸能、耗能的能力，应遵循“先抗震加固，后加层改造”的原则。

2. 经济合理：选择经济合理的方案，进行技术经济评估，包括成本、使用功能的完善程度、部件设施的完好程度、工程的寿命以及建筑面积等。

3. 对原建筑物进行全面的检测、鉴定及评估：原建筑的工程质量和使用状况，是确定建筑物能否加层的重要依据。

4. 对主要承重构件进行验算：对原建筑应采取抗震加固补强措施，提高原建筑的承重结构及构件承载能力。

5. 对地基与基础的承载力进行复核：原建筑结构状态良好，没有因基础的不均匀下沉、地震或其他人为因素引起裂缝的原建筑。

6. 选用轻质材料：优先选用轻质高强材料，以减少加层部分的重量，减少加层改造给原结构带来的附加应力和变形。

7. 施工方便：在保证质量的前提下，施工尽量简单、缩短工期。

8. 美观实用：重视加层改造的建筑设计，改善使用功能，改进立面造型，使新老结构协调一致。

在对既有建筑进行加层改造时，首先要进行可行性分析，它包含专业技术分析和经济技术分析。由于既有建筑加层改造涉及面广，涉及原建筑物建造的时间、建筑物的变化情况等。因此，设计前要广泛收集资料进行分析，现场调查，确定合理的加层方案，做到经济、合理，充分发挥原有建筑物的承载潜力。

既有建筑加层改造的设计既要注重结构安全，又要满足建筑功能和美学功能的要求。由过去不被人们了解发展到现在比较受到人们的欢迎与接受。据不完全统计，全国已经建成的加层改造工程数千例，遍布全国二十多个省市和直辖市。不仅我国，许多发达国家也十分重视既有建筑的改造利用。如加拿大、日本、丹麦、美国、俄罗斯等国家都先后制定了一系列完备的既有建筑维修改造的政策和法规。美国已把改造既有建筑和建造新建筑列于同等重要的位置。英国把老旧住宅维修改造作为住宅发展计划的中心，1980 年旧房修缮改造工程占建筑工程总量的 1/3。其他国家如意大利、匈牙利、波兰、斯洛伐克、德国等国家自 20 世纪 70 年代以来，都先后提出住宅建设的新方针，将建设重点放在对既有建筑的现代化改造方面上来。据有关资料显示，英、美两国在 1985 年的建筑维修改造市场就开始进入了全盛时期，仅商业、工业及办公建筑的改造投资就达 965 亿美元，其加层改造的建筑已从多层、低层发展到高层建筑的加层。

第二章　国外既有建筑加层改造法规政策研究

建筑“短寿命”是城市建设发展中存在的一个突出问题。据统计，我国城市住宅建筑平均使用年限为30年左右，按照国家相关标准的要求，重要建筑和高层建筑主体结构的耐久年限应在100年以上，一般性建筑为50~100年。目前，我国城市建筑使用年限远没有达到国家标准的规定要求，与国外相比差距更大。资料显示，英国建筑平均寿命达到132年，美国建筑平均使用年限80年左右。因此，我国必须考虑如何延长建筑的使用寿命，延长建筑使用寿命也是城市建设中最大的节约。国内外经验证明，旧建筑改造投资少、见效快，既可以延长建筑使用寿命，也有利于保护城市风貌，如德国在统一后，利用建筑生态技术对柏林20世纪80年代的“大板楼”住宅进行大规模改造，使其达到现代化住宅水平。

既有建筑加层改造的发展始于第二次世界大战结束后，至今有70多年的历史，世界发达国家的城市建设大体经历了三个发展阶段：

第一阶段：大规模新建阶段。

第二阶段：新建与维修改造并重阶段。

第三阶段：对既有建筑进行抗震加固和加层改造阶段。

许多发达国家在20世纪70年代末就已先后进入第三阶段，而且抗震加固、加层改造工程量仍处于上升趋势。

2.1　国外既有建筑加层改造市场运行特征

1. 市场地方性：每一地区既有建筑加层改造都应适应该地区的市场需求和变化，不宜强求统一模式。

2. 市场扩散性：既有建筑加层改造需要考虑对其他地区的市场影响，如新区开发、旧住宅加层改造、既有建筑住宅区与商业区的联系等。

3. 品质多样性：既有建筑加层改造不能像新建建筑一样采用统一标准和方案，而应采取多样化、多层次、多标准的形式，充分适应不同市场需求。

4. 调整滞后性：既有建筑加层改造投资大、周期长，必须制订长期的改造实施计划。对短期项目则应增强抗风险变化能力，准备多种可调整动态的加层改造方案。

2.2 国外既有建筑加层改造市场的影响表现

1. 市场供求动力：形成既有建筑加层改造市场的供求持续作用的动力有投资、价格与地点、规模、质量、时间的可比性。随着旧建筑的改造需求与供给变化而出现卖方或买方市场，导致改造活动的增加或减少，信贷利率高低变化可刺激或限制旧建筑的市场需求。

2. 短期运行调整：既有建筑加层改造市场的短期运行需求比供给影响更大。如一旦政府宣布在旧城某区实施改造规划，开发商、建筑商等就将蜂拥而至，改造市场需求将迅速上升，而改造周期的滞后性，使得加层改造的土地和住房不能迅速增加。当改造过程中市场需求突然下降，如贷款利率提高、资金不到位时，将形成改造市场积压过剩。

3. 长期运行调整：旧城区经济发展和人口增长是一个长期持续渐变过程，旧建筑的加层改造成本呈上升趋势，当既有建筑加层改造成本价格增至接近市场价格或利润明显低于新区开发利润时，改造活动将暂缓或放慢，影响到既有建筑改造长期计划的执行。

4. 循环周期发展：由于城市经济、人口、收入和建筑老化等周期性变化的影响，既有建筑加层改造市场呈规律性升降循环变化。如旧城基础设施改造周期为 20 年，则既有建筑加层改造活动将同周期进行。

5. 市场运行效率：如政府优惠政策、改造开发项目、旧区居民补贴、改造后旧建筑出售租赁对象选择等，并非都能在市场上正常获得，市场有效信息的传递和处理速度是市场运行效率的重要指标。

2.3 国外既有建筑加层改造市场的扶助与产业化运作机制

联合国人居中心在《2000年全球住房战略》中提出住房发展两大扶助战略：

第一，社区扶助，指推动提供民间住宅过程的战略。

第二，市场扶助，指在住宅生产中为扩大私有住房提供便利的战略。

两大扶助战略的宗旨是减少公有住房建造和实现住房市场经济。该战略已在多个发展中国家，如印度尼西亚的贫民区改善项目中成功应用。

发达国家旧建筑的加层改造过程中的资金筹措一般采取如下措施：

1. 政府拨款启动加层改造资金。

2. 政府优惠政策，减免部分加层改造费用。

3. 银行为开发商和业主改造提供项目贷款。

4. 用房地产开发高收益项目补贴加层改造项目。

5. 私人或企业集资或合作改造融资。

6. 通过提租或提价售房，从住房改善项目受益者处回收部分资金，实行滚动再开发等融资途径。

既有建筑加层改造是一项内容繁重、涉及面广、计划性强的社会发展工程，产业化是一项较普遍采用的运作方式，其要点为：纳入旧城改造和发展计划，明确旧建筑改造的目标和标准，制定既有建筑加层改造计划和实施程序，市场调节与政策引导相结合，鼓励业主广泛参与，促进建筑部件产品及配套服务业发展。如新加坡政府为改造20世纪60～70年代大批旧建筑并保证其产业增值，从90年代开始，推行旧建筑全面翻新产业工程计划。

日本在面向二十一世纪的住宅产业中开始实施“百年住宅体系”，并通过住宅优良部件产品认定制度在旧建筑改善中优先采用。

以俄罗斯既有建筑加层改造更新实践为例，在俄罗斯莫斯科及其他大城市正在实行称为“波形”改造的方案。即在20世纪60～70年代建筑小区的一些空地上先建一些12～16层的高层住宅，然后将周围应该改造或拆除的建筑中的居民迁入新楼，来完成原建筑的改造；也可在拆除原建筑的位置上重建新楼，然后再将其他老楼拆除或加层改造，以此循环。这样避免居民在城市小区之间搬迁。私人投资者在这类建筑的改造中起的作用非常显著，比如在莫斯科，私人投资者（银行、建筑公司等）可以长期租用某块城市土地，但必须将建成的建筑面积的30%上交市政府，作为土地租用的交换条件，其余70%可以在房地产市场上出售，利益由自己分配。投资者为了挽回所上交面积的损失，通常将剩余建筑面积价格上调，其结果是显而易见的。本来为广大居民所建的住宅，一般家庭都买不起，加上尚未形成完善的长期信贷、担保系统，居民们不愿冒风险将自己的积蓄投到住宅上来。因此在20世纪60～70年代既有建筑的改造这项计划上，同样出现资金短缺，有价无市的问题。

国外既有建筑加层改造的资金紧缺的情况不仅是政府部门，私人投资者通常也存在这种情况，在既有建筑的改造过程中，经常采用明显不符合标准的建筑材料和配套设施。国外广大居民也认识到，既有建筑在进行抗震加固、加层改造后的环境有所提高，建筑都具有崭新的立面、舒适的院落、新颖的屋顶，其生活环境质量明显优于改造前。

2.4 德国既有建筑加层改造研究

德国对既有建筑改造重视程度比较高，产业化体系完善，其既有建筑改造市场化运作模式对我国的既有建筑改造具有借鉴意义。在德国既有建筑改造的重点为板式结构住宅，由于板式结构住宅的缺陷，德国政府非常重视对板式住宅建筑的改造并给予资助，但政府关注的改造内容会随着时间的推移而有所变化，资助的重点也随之发生变化。20 世纪 90 年代初，刚刚实施改造时，政府对既有建筑的改造更多的是功能性改造，包括对住宅的面积、周边环境与配套设施等内容的改造，后来随着时间的推移，政府对既有建筑的改造主要为节能性改造和加层改造，同时也包括对太阳能的利用、节能节水和 CO_2 减排等环保技术的应用。

2.4.1 德国既有建筑加层改造的政策法规

为了使既有建筑加层改造工作规范有序，德国政府制定了相应的政策法规，同时为鼓励对既有建筑进行改造，政府还出台了优惠政策，具体包括：

1. 政策法规

1）联邦政府制定强制性节能标准——德国建筑节能技术法规。该法规由联邦政府制定，适用于新建建筑和既有建筑的加层改造。也就是说既有建筑只要进行改造，就必须达到该法规规定的节能性指标要求。

2）州政府制定管理办法。州政府根据当地的具体情况，出台既有建筑的改造管理办法。

3）从法律上对改造后利益分配进行约束。关于改造后租金方面，政府也有法律规定，即建筑公司或产权单位，可以通过提高租金来逐步收回改造投资，但是不能将改造成本全部转嫁给租户。

2. 优惠政策

1）对于符合政府规定的改造项目，政府将给予一定程度的优惠贷款，当然额度、利率和年限各有不同。

2）如果项目除了抗震加固、加层改造外，还采取其他一些节能措施，如太阳能和热回收装置，还可以申请节能专项优惠贷款。

3）新能源法给予的优惠政策，鼓励太阳能等清洁可再生能源的利用，同时，还有建筑物利用太阳能发电实施并网的优惠政策。

2.4.2 德国既有建筑改造运作模式分析

1. 既有建筑改造的主体

政府、投资银行、产权单位或个人（主要是建筑公司）和咨询公司是既有建筑加层改造过程中最主要的四方主体，各自的责任和相互关系也很明确。且由于很多建筑公司和投资银行均由政府控股或参与。因此，在整个运行体系中政府有很大的主导权。

1）政府

政府是整个改造活动的主管部门，其职责包括：一是制定政策法规和标准；二是为改造项目提供资金支持。政府既包括德国联邦政府、州政府以及德国复兴银行（KFW），又包括欧盟，甚至欧洲银行。

2）投资银行

德国的投资银行不同于一般的商业银行，都是由政府控股，其主要职责是代表政府为改造项目提供优惠贷款。另外，投资银行也从事一般性质商业银行的业务。投资银行要进行评级，信誉好的才能得到政府的贷款，同时要有州政府的担保。

（1）投资银行的融资渠道：

一是政府资金，包括德国联邦政府的资金、州政府的资金和欧盟的资金。

二是政策性的银行贷款，无息或低息贷款，包括来自德国复兴信贷银行（KFW）、欧盟投资银行（EIB）等。

三是资本市场运作，如同商业银行的运作方式。

（2）投资银行面向的对象：银行的上游是政府的各个部，包括财政部、内政部、乡村建设及环境保护部、基础设施和空间规划部、教育部、劳工部等，从上述部门取得资助资金，加上来自银行的低息贷款，再提供给用户，包括地方（市、县、镇）政府、建筑公司、农庄和个人等。银行向用户的贷款额度由负责基础设施贷款的评估公司进行评估，使用这种优惠贷款的额度不超过改造成本总额的70%，其他通过市场自筹（含商业贷款）。

（3）投资银行从政府获得资金方式有两种：

一是以项目为载体，申请专项资金，如住宅公司就某一改造项目，向投资银行提出优惠贷款申请，投资银行再向德国复兴银行就该项目提出专项资金申请；

二是投资银行可以向政府申请一个额度，然后自己来运行这笔资金。

3）咨询公司

作为独立的第三方机构，专业咨询公司的目标很明确，就是确保政府的资金得到有效使用。其职责是受投资银行的委托，对申请优惠贷款的项目进行加固改造前的评估，提出具体的加固改造方案和建议，并进行加固改造后评价。

4）建筑公司

作为建筑的主要所有者或管理者，建筑公司是加固改造活动最终实施主体，负责建筑加层、加固改造的具体实施工作和经营管理工作。

2. 既有建筑加层改造程序

明确了既有建筑加层改造的主体后，加层改造的程序也就基本明确。德国既有建筑加层改造程序：

首先，建筑公司就自己管理的某栋楼或某个小区向投资银行提出优惠贷款申请，这里需要说明两点：一是如果一栋楼中产权属于不同的单位或个人，每个产权单位或个人也可以提出加层改造申请，但必须是该产权人至少拥有该栋楼中的3套以上建筑。二是如果加层改造动作较大，比如涉及结构、户型和楼层的拆改，还需要得到政府相关部门的批准。

其次，投资银行委托独立的专业咨询公司对整个项目进行综合评估，并提出具体的加层改造方案和措施。

再次，优惠贷款得到批准后，建筑公司开始实施具体的加层改造计划，整个加层改造过程中，有专业的监理公司进行全过程监管，确保加层改造方案得到落实。

最后，改造完成后，咨询公司进行项目总体评价。

3. 德国既有建筑加层改造的经验借鉴

德国在既有建筑加层改造中，无论是在政策支持，还是在改造技术上，都有值得借鉴的经验：

1）政府支持和相应的经济政策。包括贷款政策、新能源利用以及并网发电等方面的鼓励政策，还包括2006年强制执行的建筑能耗等级标识制度，凡是出租或出售的住宅将必须获得能耗等级标识，让租户更多地了解房子的能耗性能。

2）严格的标准制度。专门制定了相应的法规制度，对既有建筑的加层改造规定了严格标准。

3）全面的改造。既有建筑加层改造不仅针对结构和节能改造，还要考虑加层改造后室内外及周边环境的处理。

4）改造对居民的影响较小。有些住宅的加层改造，居民并不需要搬出房屋，改造期间继续住在里面。至于改造期间对居民生活造成的影响，如果租户提出来，那么建筑公司通过与租户逐个谈判来减免一部分租金作为补偿，最高减免20%。当然，不同住户的要求也不相同。一般改造影响较小时，租户不会提出补偿要求。但是如果改造较大，如拆掉几层时，那么就需要部分租户搬出，建筑公司负责搬迁费并解决新的住处。

5）注重加层改造技术的交流与合作。不同建筑公司联合成立了技术交流中心，定期交流加层改造的一些技术问题和一些新的改造理念，有时也组织与其他国家进行交流，相互学习一些成功的做法和经验，避免犯同样的错误。

6）开展深入扎实的调研和基础研究工作。德国针对既有建筑加层改造开展了全面深入的调研，了解既有建筑的建造年代、破坏情况等，并且根据既有建筑居住破坏情况，开展了有针对性的研究。这为既有建筑的全面改造打下了坚实的基础。一些科研机构，如柏林工业大学建筑维护和现代化改造研究所（IEMB），参与调研并进行基础性研究工作。

7）节能改造力度大，节能效果明显。德国柏林冬天的气温比北京高一些，但其节能改造过程中外墙外保温采用的EPS，板厚通常为100～120mm，密度为15kg/m^3。窗户多为三层玻璃，且至少有一层为Low-E玻璃。

2.5 美国既有建筑加层改造研究

美国在20世纪70年代，就把改造旧建筑和建造新建筑列于同等重要的位置，1985年，美国建筑维修改造市场就开始进入全盛时期，仅商业、工业及办公建筑的加层、加固改造投资就达965亿美元。代表性的工程有美国的中州大楼加层改造和联邦储金银行加层改造工程。美国的中州大楼加层改造，它是在原16层的建筑内构筑一个内筒来承担新增的5层建筑。建于1973的美国Minneapolis市的联邦储金银行加层改造工程，它是在原10层的建筑上采用拱与下部的悬索形成一个“卵形”支撑体系来承担新增的6层建筑。

美国在既有建筑节能方面主要表现两个方面：一是政府颁布绿色建筑标准，成立绿色建筑协会，推动和鼓励绿色建筑的大规模应用；二是在财政支持上采取税收优惠，刺激节能改造行为。此外，美国在既有建筑节能改造推广中，注重发挥本国科研力量，以高科技带动既有建筑节能发展。例如，为鼓励建筑改造中使用太阳能，美国国会先后通过了“太阳能供暖降温房屋的建筑条例”和“节约能源房屋建筑法规”等鼓励新能源利用的法律文件。在经济上也采取有效措施，不仅在太阳能利用研究方面投入大量经费，而且由国会通过一项对太阳能系统买主减税的优惠办法。

2.6 英国既有建筑加层改造研究

英国把既有建筑加层改造作为建筑发展计划的中心，从20世纪70年代，英国改变了大规模“拆旧建新”的建设模式，转为保护性加层、加固改造和内部设施维护等。其中，1978年加层、加固改造投资是1965年的3.76倍。1980年既有建筑改造工程占建筑工程总量的1/3。

英国建立了全国性节能标准，英国的国家建筑能源等级（National Home Energy Rating）简称NHER，是英国政府评价节能建筑的重要指标。该标准一方面能对新建建筑作出评价，另一方面也可以对既有建筑节能改造的成果作出评级，为实行分级补贴奠定基础。在财政支持上，英国主要运用税收政策对建筑节能给予支持。如从2006年3月，英国政府开始实施退税计划，以鼓励家居节能。据政府估算，如果一个家庭花费175英镑安装保暖墙，每年可为家庭节约60英镑的费用，三年即可回收成本。政府还对使用节能锅炉、节能电器及节能灯的家庭提供补贴。此外政府自2001年起，每年拿出5000万英镑作为“能源效率基金”，鼓励企业节约能源。

2.7 其他国家既有建筑加层改造的研究

日本在20世纪70年代就制定了既有建筑加层改造的有关政策，致力于建筑的加层改造和高层建筑的维护工作。日本政府在既有建筑加层改造中，制定了相关的节能标准，建立了既有建筑节能改造的系统工程，特别是对既有建筑节能改造涉及了家电领域，这些都值得我国在既有建筑改造中借鉴。应该看到，日本的既有建筑改造只针对城市，而我国大部分的农村地区既有建筑也急待于改造。

前苏联压缩旧建筑的拆除量，对有保留价值的建筑实行定期维修，并在莫斯科和圣彼得堡等主要城市设立专门负责加层、加固改造的建筑设计院，其中，既有建筑的加层改造是一项较为重要的研究内容。

瑞典的建筑业20世纪80年代就将既有建筑物的改造列为首要任务，其中，1983年用于维修改造的投资占总投资的50%，1988年旧建筑维修改造工程占总工程的40%左右。

波兰在既有建筑节能改造市场化推广中，主要采取低息贷款与奖励结合模式。波兰的既有建筑节能改造由波兰住宅发展银行（BGK）提供贷款，贷款上限约为改造总投资的80%，时限一般为7年，剩余20%由建筑产权单位与居民承担。建筑产权单位与居民只需偿付贷款利息的75%，剩余25%由国家建筑改造基金补贴。

意大利、匈牙利、捷克斯洛伐克、丹麦等国家自20世纪70年代以来，都先后提出建设的新方针，重点放在对既有建筑加层改造方面，图1-2-1为意大利某办公楼的抗震加固改造外立面。

图1-2-1　意大利某办公楼的抗震加固改造外立面图

第三章　我国既有建筑改造政策研究

我国人多地少，耕地资源稀缺，当前正处于工业化、城镇化快速发展时期，建设用地供需矛盾十分突出。目前，关于我国既有建筑加层改造方面还没有明确的政策，如既有建筑加层改造的产业政策、技术政策、组织政策、经济政策（包括税收、金融和土地）、节能环保政策、节地政策等还不是很完善。还有如古城保护、加层的原则、外立面的保护、遗存的保护等都没有明确的规定。对于既有建筑加层改造，我国应制定一系列引导性的政策，如制定什么样的建筑应该拆，什么样的建筑需要加固，什么样的建筑需要加层等。如日本政府对既有建筑的改造就十分清晰，立法中明确规定“对于建筑寿命不满 30 年的旧建筑不能拆”。

当前，我国政府对既有建筑的改造做了大量的工作，如北京，通过老旧小区的综合改造，来改善居民的居住环境。通过对原建筑进行“加高、加肥、加长”的处理方式，来提高土地使用率，增加建筑的容积率。目前加层改造存在的问题是：由于原小区当初建设时并没有完善的国家标准，很多地方并不满足现在的国家标准。所以对老旧小区的改造也不应该用现在的标准和规范来约束。我们应该解放思想，采取相应的措施，重新制定一些适应当前小区改造的政策，如可以将既有建筑加层部分作为公租房来考虑。

既有建筑加层改造必须有一个检测和评估，现在检测有单位，对于评估并没有专门的职能部门来做。既有建筑加层后的后期使用寿命如何计算，包括加层后原建筑的使用年限的计算、新加层部分使用年限的计算等问题，都需要有相应的规定。

3.1　我国既有建筑加层改造的法规政策

我国既有建筑加层改造的相关政策大部分由政府主导，既有建筑的加层改造，可以提高住宅的容积率，是切实保护耕地，大力促进节约用地的一条新路子。关于既有建筑的加层改造方面的政策，能套上的文件就是《国务院关于促进节约集约用地的通知》的要求（具体内容见附录四）。我国无论从法制还是体制，对于加层方面的政策都是欠缺的。近几年，我国既有建筑加层改造的政策方面有了较大的发展，主要表现在以下几个方面：

1. 各地方管理部门起到了既有建筑改造的职能作用。

我国有些城市是主管单位在管，有些城市是事业单位在管，全部结合市场化进行改造。

2. 国内有些城市出台了法律法规，加强了既有建筑改造方面的管理。

如上海出台了“既有住宅综合改造管理办法”，重庆出台了“加快城区危旧房改造的实施意见”等。

3. 建立既有建筑加层改造的相关标准。

4. 充分发挥市场机制的作用。

包括政府通过资金补贴的方式进行加层改造，增设相关的配套设施。

3.2 国外可借鉴的法规技术政策

综合考虑我国国情，借鉴发达国家的经验，其他还可以采取实施的经济激励政策有：

1. 贷款贴息

制定明确的经济激励政策，鼓励既有建筑改造的贷款贴息政策，利用公共财政专项资金，对从事加层改造相关的技术研发、示范工程等活动的相关单位，融资贷款或对贷款进行部分或全部贴息，充分发挥贷款贴息的杠杆作用和乘数放大效应，起到鼓励相关单位开展既有建筑加层改造活动的作用。

2. 财政补贴

包括直接补贴和间接补贴两种方式。

3. 投入专项的资金来支持既有建筑的加层改造

发达国家既有建筑加层改造的投资比例，一般占到整个住宅的15%～30%。考虑到国家和地方政府对既有建筑加层改造资金的支持力度有限，既有建筑加层改造专项资金的来源可采用财政投入为主，其他资金投入为辅的筹措方式，比如发行专项国债，鼓励金融机构参与等。

4. 加强既有建筑加层标准的立法和标准化的研究工作

如日本，定期公布建筑物的鉴定和修缮计划以及执行情况，出台了相应的法律和标准，如鉴定区分等级法、土木建筑更换标准、建筑物耐久性设计规范等。瑞典颁布了住宅更新法，美国出版了房屋检测手册，前苏联有居住和公共建筑物定期检查标准等。

5. 重视加层改造的技术交流。

发达国家比较注重既有建筑的技术交流，经常组织召开既有建筑加层改造的成功经验交流会，并进行推广应用，避免走弯路。

6. 节能环保、新能源利用政策，并对改造后建筑物能耗进行标识。

3.3 建立监管机制，规范既有建筑加层改造实践

针对目前既有建筑加层改造市场不规范、企业诚信度不高、建筑改造效果不理想等问题，应建立监管机制。建立既有建筑加层改造监管机制，加强对既有建筑加层改造全过程监管，是规范既有建筑加层改造的市场，提高既有建筑加层改造工程质量的必要保证。对既有建筑加层改造进行科学、有效地监管，建立合理、完善的监管制度，为既有建筑加层改造的监管提供必要的制度保障。同时，明确监管机构的职能和定位，理顺政府行政部门与监管机构的关系，加强监管制度的执行力度。此

外，应向全社会公开既有建筑改造的相关信息，接受社会监督。对于政府投资的改造项目，要加大监管力度，保证专项资金的合理、有效使用。而构建既有建筑改造监管机制的前提，要明确监管的主体和监管的职能与手段。

3.3.1 监管主体

监管主体是监管制度的实施者，监管主体要充分发挥监管作用，避免监管失效，不作为等现象，并应考虑被监管对象的实际情况。

现阶段，由于我国既有建筑加层改造市场还不够成熟，相关单位认识还存在不足，所以既有建筑加层改造的监管应采取政府与技术服务机构、行业协会等非政府组织相互配合，共同监管的原则，成立专门的事业单位作为监管主体。负责指导完善监管制度和措施，并确保监管机构的监管权力。技术服务机构和行业协会充分发挥其在行业内的技术优势，履行监管职能。这样既能减轻政府行政支出负担，又能使既有建筑加层改造过程的监管更具体、更全面、更有利于规范市场，保证既有建筑加层改造的顺利进行。

3.3.2 监管职能

监管职能是监管主体在监管过程中承担的职责和功能。明确监管职能是防止监管不到位或监管过度的必要措施。对于既有建筑加层改造活动，监管主体的职能主要包括制定相关法规和政策，确保加层改造的施工安全，保证加层改造工程质量，规范建筑市场和完善信息公开化。

3.3.3 监管措施

监管措施是监管机构能否有效发挥监管职能，实现监管目标的关键。针对既有建筑改造活动涉及工程招投标、相关技术的应用、产品的选用、施工质量安全和信息公开化等监管内容，既有建筑改造监管主要应采取以下措施：

1. 市场准入监管

市场准入监管主要包括相关技术和产品的监管，以及对既有建筑加层改造提供服务的企业或机构的监管。对于技术和产品，采取备案制度，对于符合我国现行相关标准的技术和产品实施市场准入备案。对于改造工程涉及的特殊产品和技术，或国家尚未颁布相关标准的新技术、新产品等，采取专家论证制度。对于提供改造服务的企业或机构应采取资质和资格备案审查制度。除了市场准入监管外，还要通过实施年审制度，加强核查监管。

2. 价格监管

对于加层改造施工、相关设备和产品的选用等涉及资金投入的环节，应采取控制资金投入的合理范围，避免资金浪费的现象。目前，我国已实施的工程建设项目招投标制度就是价格监管的具体体现。

3. 质量监管

质量监管，不仅要控制加层改造施工质量，而且要监管所采用的技术和所选用的产品必须符合国家现行标准的要求，如技术和产品推荐目录、使用指南等。

4. 信息监管

通过建立信息监管平台，向社会发布建筑加层改造市场各主体的相关信息及相关政策法规，便于全社会及时了解和查询相关政策、法规、工程信息、企业资质和个人执业资格等信息。信息监管对于提高监管效率和透明度，确保监管的公正性具有重要意义。通过对建设资金（特别是财政支持的改造项目）、设计、施工单位、相关技术和产品的准入监管，招投标的价格监管，施工图审查和施工、验收的标准控制和质量监管，以及涵盖加层改造全过程的信息公开等，对既有建筑加层改造实施全过程、多方位的监管，从而确保既有建筑加层改造行为的规范化。

既有建筑加层改造需要全社会各界的支持，一方面既有建筑的加层改造对政府、物业公司，业主和节能服务公司均有较大的经济效益；另一方面加层改造能够节约大量的能源资源，对建设资源节约型和环境友好型社会具有重要的意义。因此，政府可通过新闻媒体等宣传手段提高全社会对既有建筑加层改造的意识，鼓励大家积极参与既有建筑的改造，特别是节能改造。既有建筑加层改造市场机制的形成，需要各相关主体的积极参与，以法律和政策为先导，以各业主或物业服务企业的能效提高为契机，来促进既有建筑加层改造的整体品质的提升和能耗水平的降低。

3.4 既有建筑加层改造的效益分析

据有关部门统计，我国既有建筑截至2010年年底，现有存量为277亿m^2，其中城镇住宅134亿m^2。根据2005年统计，全国既有建筑70%是20世纪90年代以后的建筑，目前约三分之一既有建筑的耐久性、安全性、舒适性难以满足人们的需要。当然，全部推倒重建并不现实，也不符合我国的可持续发展战略。相关专家指出，重建是加固改造费用的15倍，重建的费用主要包括社会成本、拆迁成本、垃圾处理等附加成本，这就蕴涵着一个较大的抗震加固、加层改造的发展空间，尤其是20世纪70年代以前的旧住宅加层改造的空间更大，其次是校舍工程、商场、医院等。既有建筑的抗震加固、加层改造的经济效益与社会效益十分显著，具有广阔的发展前景。

通过对我国既有建筑加层改造的研究，许多建筑物的耐久性、安全性、舒适性已不能满足人们的需要，可以通过对既有建筑加层改造的同时，对原有建筑物进行抗震加固，改善原有建筑物使用功能，延长原有建筑物使用年限的作用。通过政策分析可知，我国现有土地资源有限，加之目前生产力发展水平和经济实力的制约。因此，在既有建筑物上增加层数、扩大使用面积是比较现实的，这样就会节省城市配套设施，节约投资和材料，同时又避免拆迁所造成的巨大浪费。

3.5 既有建筑加层改造的节能政策

建筑节能、工业节能和交通节能是我国节约能源三大重点领域，建筑能源消耗已经占全国能源消耗总量的27.5%。国家对建筑节能的标准要求越来越高，目前，我国已经颁布实施的《中华人民共和国节约能源法》、《民用建筑节能条例》和《公共机构节能条例》等法律法规都是对节能改造方面提出的，这些法律法规对既有建筑的节能改造都具有指导作用。其中，关于既有建筑的节能改造，相关部委已经制定并发布了一系列鼓励政策，如《国家机关办公建筑和大型公共建筑节能专项资金管理暂行办法》、《北方采暖区既有居住建筑供热计量及节能改造奖励资金管理暂行办法》、《关于推进北方采暖地区既有居住建筑供热计量及节能改造工作的实施意见》等，这些政策的发布与实施对于既有建筑节能改造具有重要的推动作用。

3.5.1 既有建筑加层改造的能源分析

我国北方地区冬季采暖的能源消耗占全国总建筑能耗的40%左右，人均能耗是欧美相似气候条件地区的2~3倍。与此同时，我国南方地区夏季炎热，空调日益普及，空调能耗正在迅速增加。我国既有建筑大部分都不是节能的，既有建筑外墙热损耗水平是其他北半球国家的3~5倍，外窗热损耗是其他北半球国家2倍。虽然单位能耗低于公共建筑，但是由于居住建筑总量比较大。因此，总能耗相对较高，我国很可能从目前的耗能大户之一变成第一大户。我国正处在工业化、城镇化和住房商品化快速推进的时期，也是建筑量急剧增长的时期，预计今后每年新增建筑面积为16~20亿m^2，到2020年累计新增160~200亿m^2。建筑能耗的比例将会增加，很可能接近发达国家的建筑使用能耗水平40%左右，据有关部门推测，到2030年左右，建筑业有可能成为第一耗能大户。因此，居住建筑节能改造潜力巨大，对于政府、物业公司和业主均能获得收益，其中政府部门应在政策和资金上给予适当的支持。

虽然既有建筑加层改造规模巨大，但现阶段我国仍处于既有建筑加层改造的初期，人民群众对改造，尤其是节能改造了解不够。试点工程采取政府出资的方式无可厚非，但仅由政府出资的方式不利于改造的大面积推广。因此，应尽快建立合同能源管理模式，并为其顺利实施提供良好的外部条件和激励机制，形成多方出资，共同受益的良好态势；同时，促进多元化市场推广方式。结合我国实际情况，有以下几点建议：

1. 赋予公共事业单位既有建筑改造推广职能

既有建筑改造既有经济效益又有社会效益。因此，应发挥公共事业单位协助政府进行辅助管理的角色。加强政策的保障和引导，对有条件的公共事业单位，可以成立专门的职能部门进行此项工作，赋予一些公共事业单位既有建筑改造监管机构的职能，是既有建筑合理合法地、科学地改造并得以实施的首要前提。公共事业单位改造监管机构履行能源审计等监管职能，激励和监督公众的节能行为。按“政监分离”的原则，住房和城乡建设部赋予一些公共事业单位既有建筑改造监管机构，负责全国既有建筑改造的总体规划、节能规划、能源审计方案和节能诊断方法等工作，负责全国性既有建筑改造政策和节能政策的宣传与实施，管理和监督各级政府的既有建筑改造和节能工作。

2. 建立既有建筑节能改造国家评级标准

发达国家既有建筑改造都有明确的评估体系，衡量改造完工的工程达到的水平和等级，由此政府可对等级高，特别是节能等级高的项目给予较高的财政支持，从而激励改造达到更好的效果。我国目前形成改造评级标准尚不完善，不能有效区分投资——收益型改造、投资——享受型改造和投资——保持型改造，政府在制定改造激励政策时只能采取“一刀切”的措施。另外，合同能源管理模式要求对节能量的计算合理标准，节能量的计算和节能利益的分配是否合理直接影响该模式的推广，尤其是既有居住建筑节能改造涉及部门多，投资和收益的分配问题是改造的核心问题。因此，国家和地方政府需要制定科学合理的既有居住建筑改造评估体系、节能量计算标准和利益分配标准。

3. 全面实行供热体制改革

我国现行的供热体制不利于节能量的有效计算。因此，应建立“用多少，交多少”的供热计量收费体制。实行供热计量收费的体制改革，实际上是促进“行为节能”，取消目前普遍实行的“按面积收费”的计费方式，逐步实行分户计量的供热计量方式。

4. 健全合同能源管理的法律法规

中央和地方政府应以立法的形式，把既有建筑加层改造及既有建筑节能改造作为节能减排的重要措施之一，规定一定规模以上的既有建筑的能效必须明示和定期监测，制定具体的法律法规，使能耗用户积极采取有效的节能措施。另外，政府机构的办公建筑要带头采用节能改造措施，发挥模范表率作用。同时将发展节能服务产业纳入政府工作的重要议事日程，将各省的节能工作的实施效果纳入政府考核体系中，使提高能源效率在政策制定和实施上得到真正的体现。

3.5.2 既有建筑改造税收减免激励机制的研究

通过研究制定和实施激励政策，鼓励相关单位和个人对存在问题的既有建筑进行改造，充分挖掘既有建筑的潜力，不仅可以节省大量重复建设资金，而且可以避免自然资源的过度消耗。借鉴我国已经实施的既有建筑节能改造相关鼓励政策及政策实施效果，对于包括节能改造、安全性改造等在内的既有建筑改造，可以考虑采取包括经济、技术、再生能源等多种激励政策。

3.5.2.1　既有建筑节能改造融资渠道的拓展

既有建筑节能改造的资金问题始终是制约改造进展的关键，这就要求既有建筑节能改造的相关主体，从中央到地方、从企业到个人，积极行动起来，为既有建筑节能改造拓展融资渠道，以确保节能改造资金的充足。融资渠道的拓展方式有以下几个方面：

1. 改善金融服务环境

鼓励银行等金融机构根据节能服务公司的融资需求特点，创新信贷产品，政府通过给予贴息支持，为节能服务公司提供项目融资等金融服务。节能服务公司实施合同能源管理项目投入的固定资产，可按有关规定向银行申请抵押贷款。积极利用国外的优惠贷款和赠款加大对合同能源管理项目的支持。

2. 扩大第三方信用担保

加大节能投资公司在合同能源管理项目领域的投资范围和力度。初期由财政支持投入部分资金作为节能担保基金，逐步吸引社会各界参股，设立“节能风险基金”，拓宽担保范围，简化申请和审批手续。同时，可以积极和国际金融公司合作，引入国际资金加大对节能服务产业的投资。

3. 搭建节能融资服务平台

目前，我国有很多可行的节能项目，但是由于没有投资渠道，使得很多节能项目找不到合适的投资商。因此，建议各地方政府为节能服务产业提供节能项目平台，特别是提供融资平台，建立一个“发现节能项目——提供资金及技术支持——实施节能项目”的节能服务平台体系。在节能服务平台体系中，鼓励金融机构和风险投资机构进入节能服务体系中，为合同能源管理项目融资提供宽阔的资金来源。通过投融资平台，客户可以了解到目前权威的节能信息和准确的节能指导；同时，还可以为自己寻找节能合作商。

3.5.2.2　通过税收优惠政策引导行为节能

既有建筑业主或物业服务企业的税收政策，主要由激励税收政策和约束税收政策组成。

1. 激励税收政策从利益获得角度，鼓励能源消费者建立节约能源的观念，激励税收政策体现在所得税和增值税的减免优惠上，是从利益损失角度引导能源消费者建立节约能源的意识。主要通过在使用能源的时候征收相应的税，使得浪费能源的外部成本内在化，从而增加用能成本。各地政府对于能源价格实行阶梯化的收费制度，根据各地的经济水平、环境污染和资源稀缺的具体情况，可以加征其他能源税，如能源消费税、能源环境税等。

2. 约束税收政策主要有税收豁免、税额减免、优惠税率和加速折旧等形式。对于提供节能服务的业务，我国税法中已有优惠政策，可以将合同能源管理项目纳入优惠政策中，具体的优惠政策有：

1）暂免征收营业税。

2）对于节能服务公司转让给客户的设备资产，免征增值税。

3）对于符合税法有关规定的合同能源管理项目，自项目取得第一笔生产经营收入所属纳税年度起，第一年至第三年免征企业所得税，第四年至第六年减半征收企业所得税。

4）为节能服务公司提供更优惠的扣除项目，如公司所发生的研究开发支出，进行全额税收抵扣。

5）节能服务公司所采用的生产设备，经税务部门审核认定后采取加速折旧。

3.5.3 既有建筑节能改造的合同能源管理分析

“合同能源管理”（EPC，Energy Performance Contracting）在既有建筑节能改造中的应用属于能源效益分享模式，属于新型的市场化节能机制，其实质就是以专业化的服务整合节能市场，用减少的能源费用来支付节能项目全部成本的节能业务方式。“合同能源管理”的实质是以减少的能源费用，来支付节能改造成本的节能投资方式。这种节能投资方式允许用户使用未来的节能收益为建筑和设备升级，降低目前的运行成本，提高能源利用效率，有助于降低业主或物业服务企业的技术和投资风险，具有很大的发展前景。

3.5.3.1 合同能源管理机制的优势分析

1. 节能服务公司承担大部分风险。在合同能源管理项目中，所采用的技术是成熟的、先进的，设备的节能参数是经过了国家权威部门认定，以合同能源管理机制开展的项目是以节能效益为主；同时，承诺实现一定的节能量。节能量的大小由双方通过合同约定，如果项目不能实现预期的最低节能量，各业主或物业管理公司将要求节能服务公司免费对设备调试或对既有建筑修缮，直到取得约定的最低节能量。因此，对各业主或物业管理公司来说，项目的技术风险趋于零。

2. 节能服务公司先期要承担较大比例的节能改造一次性投入。以合同能源管理机制开展的项目，各业主或物业管理公司只需投入小部分资金或者不投资。因此，克服了资金障碍。合同能源管理机制提高了对各业主或物业管理公司的节能积极性，促进了节能产业的发展。目前，我国既有建筑能源利用效率低、浪费较大的情况下，这种模式将是我们节约能源、建设节约型社会的必然趋势。因为，以合同能源管理机制实施的节能项目通常都有明显的节能效益，具有较高的投资回收率。各业主或物业管理公司可以用节约的能源费用，来偿还银行贷款以及支付节能服务费用，并取得持久的节能经济效益。因此，对各业主或物业管理公司来说，项目的财务风险趋于零。

3.5.3.2 合同能源管理的主要执行者

节能服务公司是一种以合同能源管理机制为运行模式，以赢利为目的的商业化公司，简称ESCO，它同时也被称为“节能医生”。像医生一样，为各业主或物业管理公司提供节能初步诊断、开处方（设计并提出节能改造方案）和节能治理，最终实现全面的节能诊疗服务。节能服务公司可以解决客户开展节能项目所缺的资金、技术、管理经验以及节能方法等问题，使客户将主要精力放在发展主营业务上。实施合同能源管理节能项目时，各业主或物业管理公司与节能服务公司的利益对比如表1-3-1所示。

合同能源管理项目双方利益比较　　表1-3-1

序号	业主或物业服务公司	节能服务公司
1	较少投资	承担大部分投资
2	较小风险	投资风险巨大
3	配合进行节能改造管理	全程管理
4	享受节能效果提高的效益	负责控制节能效益的提高
5	能源成本下降	关注能源成本的下降
6	支付方式为节能量的部分份额	获得节能量的部分份额
7	接受能源管理的节能新机制	提供能源管理的节能新机制

节能服务公司的基本运作流程是：节能服务公司通过与各业主或物业管理公司签订节能服务合同，通过合同约定节能指标、投融资方案和技术保障，为各业主或物业管理公司提供能

源审计、项目融资、项目节能设计、节能设备采购、工程施工、设备安装调试、人员培训等一系列的节能服务。在合同期内，节能服务公司拥有项目（包括设备）的所有权，并与客户分享节能效益，从而收回投资和取得利润。合同期满后，项目的所有权和全部节能效益归客户所有，并培养节能管理人员、编制管理手册等，之后由各业主或物业管理公司自己负责节能管理工作。如果节能服务公司达不到合同目标或改造失败，则要承担由此所产生的全部损失，各业主或物业管理公司不承担任何责任。与传统节能改造项目相比，基于合同能源管理机制的节能服务公司实施的节能项目具有以下运作优势：

1. 合同整合性

普通的节能改造通常是先以可改造的部分设备开始，逐步展开节能改造，而且设计、安装和运行管理的合同常是分开制定。节能服务公司为各业主或物业管理公司提供集成化的节能服务，为各业主或物业管理公司实施“交钥匙工程”。节能服务公司不是金融机构，但可以为各业主或物业管理公司提供资金。节能服务公司不一定是节能技术创造者或节能设备制造商，但可以为各业主或物业管理公司提供先进的节能技术和节能设备。节能服务公司或设备公司不一定拥有实施节能改造项目的工程能力，但也可以向各业主或物业管理公司保证节能改造项目的工程质量。因此，对于各业主或物业管理公司来说，节能服务公司的最大价值在于整合节能服务中的各种合同关系，节约了节能项目的时间。

2. 提供综合服务

节能服务公司提供的综合服务包括：节能项目可行性分析、能耗审计、能源系统诊断、节能项目设计与实施、项目资金的筹集、设备的选择、采购、安装调试、运行管理及操作人员的培训等。因此，从项目的可行性研究到节能的运行管理，节能服务公司不但全程参与，一条龙的服务，而且负责节能效果的监测与验证，保证了节能效果。

3. 有利于参与改造的各主体实现共赢

一个合同能源管理项目的成功实施，将涉及各业主或物业管理公司、节能设备制造商、节能服务公司、银行等，这些利益主体都能从节能项目中获得相应的利益，从而形成多赢的局面。节能服务公司可在项目合同期内分享大部分节能效益，以此来收回投资并获得一定利润。各业主或物业管理公司在项目合同期内分享一部分的节能效益，在合同期结束后，将获得全部的节能效益和节能设备的所有权。此外，还获得节能设备运行和管理的宝贵经验，节能设备制造商销售其产品，并获得利润，银行可连本带息地收回对该项目的贷款。正是由于多赢性，使得各方都意愿参与节能改造项目中。

3.5.4 合同能源管理在建筑节能改造中的实施特点

合同能源管理模式在国外应用比较普遍，主要在于国外节能服务市场机构健全，节能意识较强。我国在引进合同能源管理之后，合同能源管理的模式主要有节能效益分享模式、节能保证模式、设备租赁模式和能源费用托管模式。我国建筑节能推行较晚，使得从事节能服务的相关机构缺失，节能法律法规还没有深入到每个环节，公众缺乏节能意识。我国合同能源管理实施的特征如下：

1. 建筑在节能改造上支付资金的主体不是唯一的。目前我国居住建筑节能改造支付的费用主要来自政府、物业公司和业主，鉴于居住建筑的普遍私有化，各业主之间也存在利益差异。在这种情况下，如果不能科学合理的划定各方投入和收益的比例，将降低各主体对节能改造的积极性。因此节能服务公司应根据合同向业主承诺改造实现的节能量，在实现该节能量的基础上，从业主和物业公司处获取节能效益分享。不同业主的利益需求不同，其对利益分配的意见可同业主委员会交涉。

2. 由于居住建筑节能改造规模大，改造内容类似。因此，在实施合同能源管理模式过程中可适当整合资源，形成规模效应，为节能服务公司联合多个居住区综合改造提供条件。

3. 业主普遍认为既有建筑节能改造属于公益性改造，对自行投资改造积极性不高。由于我国居民缺乏对既有建筑居住小区节能改造的意识，加之收入水平总体不高，对节能改造的主动性弱，使得国外模式中由业主直接找金融机构融资的可能性不大。这就需要将融资主体转移到节能服务公司。为了避免风险，需引入担保机构为节能服务公司作还款担保，同时对贷款银行负责。在居住建筑节能改造中应用这种合同管理模式时，担保机构是一个不可缺少的部门。

4. 在政策上，政府应从法律法规上制定一系列的强制性节能法规和经济激励政策，特别是在投资收益分配上有效保护各利益方权益，使节能服务公司根据合同向收益各方承诺改造实现的节能量，在实现该节能量的基础上，从业主和物业公司处获取节能效益分享，以引导和鼓励节能服务公司参与该节能分享模式。

5. 政府还需设立节能监督机构，监督居住建筑的节能情况，并对节能制度进行宣传。

针对我国既有建筑节能改造的上述特征，需对国外原有的能源效益分享模式进行适当改进后，我国既有建筑节能改造才有借鉴价值。主要应在以下几个方面进行改进：

1）对业主直接向银行机构融资进行节能改造调整，即将融资任务转交给专业的节能服务公司。在这种模式中，对节能服务公司的要求比较高，要求其既能提供节能服务，又能提供融资需求。

2）考虑到我国节能服务公司在节能技术，财力上比较薄弱，综合实力良莠不齐；在银行方面，节能服务公司没有形成良好的信用记录，也没有可抵押的资产。因此，需要一种针对节能服务公司的担保业务。

3）对于节能量的测算，要求在政府及委托的机构进行监管，节能服务公司同物业公司、业主委员会预先对节能量测算的方法和技术达成共识，或者委托第三方节能量测算机构。需要注意的是，由于居住区业主众多，利益需求各不相同。业主对节能量的测算方法及技术较难达成统一意见。因此，通过居住区的业主委员会，在公开、公正、透明的条件下与改造各方交涉，以期最终达成共识。

国家鼓励通过金融机构融资或合同能源管理的方式进行既有建筑节能改造，通过制定建筑节能规划，研究分析每个时期建筑节能的资金需求，吸引金融机构的积极参与，制定既有建筑节能改造服务金融政策，为新能源在既有建筑改造上的应用，提供更有力的支持。

第二篇　既有建筑加层技术体系

第一章　既有建筑加层改造的工程实践

既有建筑的加层改造以其特有的优势，越来越受到人们的重视，特别是加层改造结构方案的选择是关系到加层能否成功的关键。既有建筑加层改造工程调研是目前研究加层改造技术的重要工作之一。通过对我国相关城市加层改造的工程案例调研，得出我国既有建筑加层改造普遍存在的问题。

1.1　北京某饭店加层改造实例

北京某饭店位于石景山区石景山路,是一家综合性涉外三星级饭店,是北京市党政机关会议定点饭店,饭店可容纳 20 ~ 600 人的会场 20 个,拥有客房 337 套,可容纳 735 人,包括双人间、套间、商务房和残疾人用房,有风味各异的餐厅 12 个及咖啡厅和酒吧。停车场面积 5000 多 m^2,可容纳 100 多辆汽车停放。

1. 项目概述

该项目从 2007 年 3 月开始加层改造施工，2007 年 10 月改造工程竣工。

该项目总用地面积 26264.61m^2，原有建筑面积 27852m^2，改造后建筑面积为 30062m^2，新建建筑面积为 2210m^2。该项目改造总投资为 5750 万元，加层改造为 4435 万元，用于节能改造的费用为 1315 万元。

该饭店加层改造项目包括主楼、东配楼和西配楼的改造。主楼建于 1985 年，建筑物坐北朝南，其中地下 2 层，地上 19 层的框架结构，总高 67. 90m，建筑面积为 23945m^2，该楼主要为饭店的客房。东配楼建于 1985 年，2002 年局部装修，建筑物坐东朝西，为 3 层框架结构，总高 12. 94m，建筑面积为 1497m^2，该楼为饭店大堂和餐厅。西配楼建于 1999 年，建筑物坐西朝东，为 5 层框架结构，总高为 29. 40m，建筑面积为 2450m^2。该项目改造前和改造后见图 2-1-1、图 2-1-2。

图 2-1-1　饭店改造前

图 2-1-2　饭店改造后

2. 项目加层改造的原因

1）该饭店建于20世纪80年代，当时是作为地方招待所形式建设的，受当时国家经济条件的制约，其硬件和软件方面已经不能适应现在的要求。

2）作为一家会议性质的商务饭店，虽前后增加了东配楼和西配楼，但其设计没有作整体考虑，各部分联系并不密切，导致会议、餐饮、住宿等各部分功能的割裂和各种流线混乱，造成建筑空间在使用上的浪费。

3）该项目某些配套设施、设备已老化，不适合现代社会的要求，不能发挥应有的经济效益（如游泳池和保龄球馆等），已成为饭店的包袱。

4）经过二十多年的使用，饭店目前外墙皮脱落严重，各种设备老化严重，整个饭店除部分采用集中空调外，大部分是分体空调，甚至没有空调，室外机造成建筑外墙零落。

5）目前饭店以会议为主，面对现今社会不同的会议要求，其形式过于单一，不能提供舒适多样的会议条件（如会议室的形式和餐厅等），势必影响其后续的发展。

3. 项目加层改造设计原则

1）在原有基础上进行改造，能保留的部分尽量保留，以降低整体改、扩建费用，使投资用于关键，能充分发挥作用。

2）无论是外观还是内部的改造中，要体现稳重大方，具有时代感。

3）目前的改造只是将来城市远景规划的第一步，现在的设计建筑风格要考虑和将来的规划相协调。

4）该项目同时要进行系统节能改造，以达到节能50%的目标。

4. 项目加层改造的技术方案

1）立面效果设计

对原建筑外观彻底整合，立面分格以整洁的方窗为主基调，突出建筑的整体性，简洁庄重中带有适度变化，使建筑造型收放有致，更显挺拔。外立面采用稳重的大理石贴面结合玻璃幕墙、结构柱、墙面及窗框表面进行精致的处理。配楼立面同样运用简洁的手法与主体建筑穿插，运用竖向折板的建筑符号，同时从功能上考虑建筑的位置，强调空间安排的紧密性和实用性。

2）平面设计方案

（1）办公区域改造

办公区部分（位于六、七、八层），将主楼部分客房改造为办公用房，同时保留卫生间设置，以提高办公品质。西配楼顶层原6m高度会议室加两层办公用房，均用玻璃隔断分割，设置两层高的中庭空间，可休闲和聚会。

（2）餐饮部分的改造

a）将东配楼作为餐饮部分统一考虑，首层员工餐厅加大，可直接对外，成为一个明餐厅。

b）保留二层、三层餐厅及多功能厅，调整旋转楼梯位置，使多功能厅及二层餐厅更加完整，并将三层公共部分改造成一个开放的休闲空间（咖啡厅等）。

c）东配楼三层以上增加四层、五层阳光餐厅，两层贵宾厅，中间有中庭连接，四层以大厅为主，五层以包间加小厅的形式，各层都有良好的采光和景观。

d）在主楼二十层加建出新的景观餐厅，这样在增加使用面积，完善使用功能的同时丰富立面空间效果。

（3）会议室部分改造

将西配楼二层的保龄球馆改造成可容纳400余人的大会议室，三、五层则是能容纳100余人的小会议厅，在主体十九层加建适宜企业高层会议性质的会议空间，使饭店能够提供适合更多性质要求的会议场所。

（4）客房部分改造

增加套间、商务间等多种形式的客房。

（5）桑拿部分改造

将首层游泳馆取消，利用其空间高度和泳池深度的相加，在其内部增加一层夹层，用作桑拿，以提高空间使用率。

（6）节能改造设计

酒店经过节能改造后，经初步测算，每年节约费用约200万元左右。具体有围护结构节能改造、空调冷热源改造、照明系统节能改造、给排水系统改造、计量系统改造和智能控制改造。

（7）其他改造

a）加大南侧广场的宽度，以提高更宽阔的前广场空间，同时在广场下增建设备用房（总配电、空调机房、热交换站及锅炉房等）。

b）为了保证沿街方向水平的延续性，南面饭店前广场的停车场只保留少量临时停车位，大部分车位设置于饭店北侧的一层停车库。

c）将大堂中商务中心位置等内部办公区移至接待服务台后面空间，改变主入口位置，使大堂更宽敞完整，增加大堂休闲空间。

d）调整卫生间布局，使之更合理，保证私密性。

e）酒店主楼南侧设屋顶花园，完善饭店休闲活动功能及空间。

f）前广场新铺装及绿地，进一步提高饭店形象，提升城市景观形象。

g）增加空调、监控、消防系统等。

饭店加层改造后的相关数据　　表 2-1-1

项　　目		改造前	改造后	节能率（%）
建筑面积（m^2）	主　楼	23945	25215	
	东配楼	1457	2397	
	西配楼	2450	2450	
建筑高度（m）	主　楼	67.90	76.00	
	东配楼	12.94	22.20	
	西配楼	29.40	29.40	
燃气消耗（m^3/年）		910000	455000	50%
电力消耗（度/年）		1913900	956950	50%
水资源消耗（t/年）		100000	65000	35%
项目总投资（万元）		5750		
加层改造（万元）		4435		
节能改造成本（万元）		1315（节能改造成本：437.43 元/m^2。每年节约 203.14 万元）		

1.2　某高校动力实验楼加层改造工程

该工程将植筋锚固技术用于混凝土柱和钢梁连接，具有一定的特殊性。采用植筋锚固技术进行加层改造，既增加了建筑面积，又对原结构无损伤。植筋锚固技术具有工期短，节约资金，经济效益与社会效益显著等优点。该工程为某高校动力实验楼始建于 1998 年，3 层框架结构，全长 50m，宽约 27m，建筑面积 2306m^2，房屋层高 3.6m，总高 11.6m。原设计有一个跨三层高的大空间水泵实验大厅。由于使用功能改变，要求在高 10.8m 的大厅增加两层楼面，把原水泵实验室改造为三层层高为 3.6m 的实验室。

1. 加层改造方案

改造方案利用钢结构轻质高强、施工方便等优点，通过混凝土植筋锚固技术，在跨度为7.8m的原结构柱子之间架设钢架，然后布置钢次梁，采用压型钢板—混凝土组合楼板。

2. 节点构造

该工程采用的钢主梁与原混凝土柱节点构造如图2-1-3所示，为确保加层改造结构安全和施工方便，节点构造设计采取了以下措施：

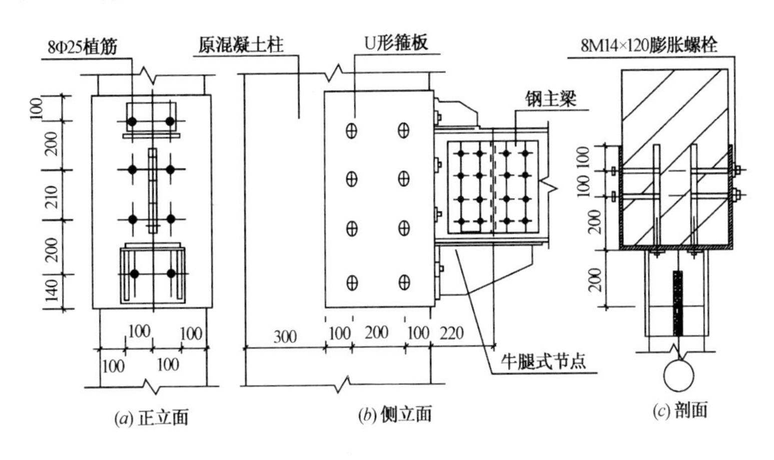

图2-1-3　钢梁与混凝土柱节点构造

1）采用U形节点箍板，为使锚栓和膨胀螺栓植入提供较大的工作面，应尽量减少对原结构的损伤，采用U形节点箍板主要是为了解决混凝土柱植筋锚固区钢筋密集及施工作业面狭小的问题。

2）为确保节点受力安全，提高U形节点箍板和植筋的耐腐蚀性能，除采用螺栓连接外，U形箍板与混凝土柱之间的缝隙应采用结构胶填充压紧，侧面植入的膨胀螺栓孔也同时填充结构胶。

3）为了防止现场焊接产生的高温对节点锚固区结构胶性能

产生不利影响，该工程采用了如图2-1-3所示的牛腿式钢节点。主钢梁与节点连接处采用螺栓连接，上下翼缘局部现场焊接时，采用湿毛巾敷水降温法，减少温度对节点区结构胶的影响。

3. 植筋施工

该工程中植筋锚固节点是影响结构安全和质量的关键部位。植筋施工除按正常施工措施施工外，还需要预先按施工图对植筋孔放线定位，然后使用钢筋探测仪对孔位探测，若孔位与柱内钢筋孔冲突，应调整孔位，避免钻孔对原结构受力钢筋造成损伤。若因钻到钢筋造成无法成孔，须调整孔位并用结构胶填充废孔，U形箍板和混凝土柱之间填充流动的结构胶。U形箍板竖向安装在混凝土柱上，施工工艺不同于一般的粘钢加固。

4. 箍板施工措施

1）对原混凝土构件的粘合面可用硬毛刷沾高效洗涤剂清洁，然后对粘合面打磨并除去1~2mm表层，直至完全露出新面，并用无油压缩空气吹去粉粒。

2）钢板粘接面须除锈和粗糙处理。如钢板未生锈或轻微锈蚀可用喷砂或平砂轮打磨直至出现金属光泽，打磨粗糙度越大越好，打磨纹路应与钢板受力方向垂直，然后用脱脂棉沾丙酮擦拭干净。

3）胶粘剂配制好后，用抹布涂抹在已处理好的混凝土表面和钢板面上，厚度中间厚、边缘薄，然后将钢板贴于预定位置，为防止流淌可加一层脱蜡玻璃丝布。粘好钢板后，用手锤沿粘贴面轻轻敲击钢板，如无空洞声表示已粘贴密实。

4）钢板粘贴好后，立即用螺栓锚固，螺栓施力以使胶液刚刚从钢板边缘挤出为度。

5）养护阶段应保持温度在20℃以上，若低于15℃应采取人工增温，一般用红外线灯加热。养护3d后即可进行下一步施工。

6）节点钢板与钢主梁连接处需焊接，焊接时要在植筋锚固区敷湿毛巾降温，待焊接完成后，对U形箍板及钢梁表面作防锈防火处理。

1.3 武汉市某会议中心餐厅钢结构加层改造

为保证加层改造钢结构的抗震性能以及新旧结构的整体性，钢结构框架柱脚节点是关键。钢筋混凝土框架的钢结构加层柱脚节点，除了一般做法外，可做成柱脚刚性连接。该构造能有效提高柱脚节点的抗震性能。对于加层改造所造成的原结构强度或刚度不足，必须采取相应措施加固。该工程采用的抗剪栓钉连接方法，不仅能有效地传递加层部分的内力，而且其抗震性能得到明显提高，从而保证了加层工程的整体受力性能。该工程为武汉市某会议中心餐厅，原设计为三层混凝土框架结构，但只建成了一层。建筑物高度为4.8m。根据发展需要，拟在已建成的一层结构上增建三层大空间敞开式办公用房，整栋建筑为四层，加层部分采用钢结构形式，建筑物高度增至19.8m。原建筑面积为1394.82m^2，加层建筑面积为4098.35m^2，加建后总建筑面积为5493.17m^2。该建筑为丙类建筑，抗震设防为6度，抗震等级为四级，结构安全等级为二级，场地类别为Ⅰ类。

1. 加层的功能要求提高

该建筑建于20世纪80年代，至今运行已近20年。加层的楼面活荷载标准值根据业主要求和新规范的规定已有所变化，如通信办公室3.0kN/m^2，楼梯3.5kN/m^2，机房4.0kN/m^2，不上人屋面0.5kN/m^2等，这些荷载要求较原设计都有大幅度提高。一楼的框架柱是按原设计三层框架柱建造的，截面配筋及截面面积对于加到四层的新结构来说，均偏小，所以必须对一楼进行加固处理。

2. 加固方案的确定及加固措施

加层方案既要保证原结构的安全，又要保证新结构的安全，还要经济合理。通过对该工程的整体计算和构件验算表明，原设计基础已进行加固处理，足够承受加层荷载，只是一层的框架柱、梁不满足新设计要求。因此，必须对一层的柱截面刚度和配筋适当加强。采用一层梁进行粘钢、楼板粘贴碳纤维布的初选方案。由于建筑的加层与改建不能影响一楼正常的使用状态，经多次现场勘查，反复计算并作了相应的经济比较，同时考虑到施工进度等，最后采用如下加固方案及加固措施。

1）加固方案的确定

一层框架柱的加固方法采用了外包钢加固法。因为，经过反复计算核定和经济比较，加大截面法虽然相对经济，但施工周期较长，施工还影响一楼空间的正常使用，采用外包钢法可以免去周期长、影响大的困扰。

2）加层的轻钢选择

在加层方案选取时，经过分析比较了以下两种加层方案：

（1）采用钢筋混凝土框架结构。此结构的优点是造价相对比较低，结构形式与原结构相同，并能很好的连接，立面也比较容易处理。缺点是梁柱截面都比较大，新旧柱钢筋连接比较麻烦。

（2）采用钢结构。此结构优点为施工快，重量轻，结构上有一些节点问题比较好处理，更适合大跨度、较大空间的结构。存在的问题是造价高，以后结构的维护比较麻烦，隔声效果和保温效果比较差。

如果增加三层混凝土框架及楼板，自重增加，结构的荷载增大，相应总荷载对于柱基础来说，绝大部分不满足按规范核定的要求。另外，业主对建筑面积的要求较高，希望尽量增加有效使用面积，而混凝土结构提供不了相对较大的使用面积。同时，混凝土框架楼板还具有施工周期长的缺点。因此，在现有的基础承载能力情况下，采用增加三层轻钢结构较为合理，这样既缩短工期，又满足业主要求。

3. 柱脚刚性连接

对于一般加层工程，若采用钢结构，则新加层的钢结构与原混凝土结构沿竖向在质量和刚度方面有较大的突变。因此，在水平作用（包括风作用、地震作用）下，加层部分的钢结构会产生明显的鞭梢效应。与采用混凝土结构加层相比，钢结构传递到下部的竖向荷载明显减小，而水平荷载的减少却不明显。为保证加层结构的内力有效地传到原结构以及加层后结构的整体受力性能，钢结构框架柱脚节点不仅是受力最复杂之处，也是加层工程的关键。

1）柱脚刚性连接方案

目前在采用钢结构加层的工程中，采用的柱脚刚性连接方案有以下几种方式：

（1）化学螺栓连接法。即在原框架柱头上直接钻孔，植筋柱内，与过渡钢板粘结，待结构胶硬化后安装钢柱。该连接构造的优点是施工简便。但结构胶的耐久性及施工质量的可靠性，特别是连接节点的抗震性能不能得到提高。

（2）柱中钢筋直接连接法。当原混凝土柱顶配筋较密时，则无法采用直接钻孔连接法，而用柱中筋作为连接钢筋，即在柱内选择位置合适的主筋加热调直，并在底板上开孔塞焊，在柱底铺细石混凝土找平，钢板与底板螺栓连接，该方法不能提高连接节点的抗震性能。另外，有时也很难找到满足要求数量的钢筋。

（3）U 形箍连接法。当只增加一层或加层的内力较小时，也可采用 U 形螺栓连接法。即在钢柱下的梁用 U 形螺栓，梁顶的钢板用钻孔塞焊或螺栓连接。该构造施工简便，但不能提高节点的受力性能。

上述 3 种构造方法，均不能保证承受加层结构柱脚的复杂应力以及提高抗震性能。

2）抗震栓钉连接方案

该工程采用的柱脚刚性连接构造，将钢柱底板尺寸适当减小，减少的面积用外包混凝土补偿，即在钢柱柱脚以上1/4处设置抗剪栓钉，浇筑外包柱混凝土，柱顶荷载通过柱周边抗剪栓钉传到混凝土上，再由混凝土传到底层柱上。抗剪栓钉的具体做法是在钢柱四周将12根直径为ϕ22的HRB335级钢筋穿过钢柱底板，植入原混凝土柱450mm，在纵向钢筋上绑扎箍筋，形成一个整体，然后浇筑外包混凝土，使新柱尺寸与原柱尺寸保持一致，浇筑后的新柱同样采用外包钢加固。该措施可使上部结构的内力有效的传递到下部结构，且对原节点的三向受力得到加强，其抗震性能明显提高。

理论上钢柱底板尺寸可与外包钢后的混凝土柱截面保持一致，轴线连通贯穿自然满足，但实际上由于原施工质量存在问题，混凝土柱有偏移现象，致使加层的钢柱轴线与混凝土柱轴线不能完全重合，最大偏离在30mm左右。因此，楼层连接处由于外包混凝土加大了传力面，对柱周边梁产生了偏压，改变了原梁的受力条件，使梁构件有了受扭的受力状况，所以要对周边梁进行相应处理。经计算复核，采用对柱梁节点加腋的方法，改变梁构件的计算跨度，这样可以改善周边梁的受力状况，使受扭的影响减小。

4. 梁板加固处理

由于活荷载加大，原设计梁板均不满足设计要求，故梁采用常规的粘钢处理，而板采用粘贴碳纤维布。

1.4 某证券交易中心加层工程

该加层工程运用了先进、合理的设计计算方法，在构造上也有其独到之处。如接梁、接柱及耗能支撑等作法，既加强了节点强度又便于施工，可以说在加层设计上是一个成功的例证。

该工程为某市证券交易中心采用外套框架加层结构，面积7208m²，全长128.7m，分为甲、乙、丙三段，中间抗震缝分开，甲、丙两段原为3层。该工程1984年设计并施工，基础为独立柱基，地基承载力 $R=180kN/m^2$。要求甲、丙段加建2层，乙段加建1层，并在Ⓐ—Ⓑ跨间扩出一跨（4层）。因此，建完后整个结构均为4层，加建前后结构平面如图2-1-4所示。

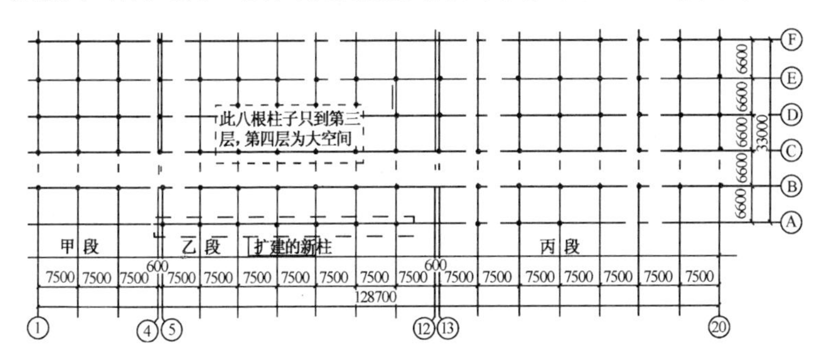

图2-1-4　加层前后结构平面图

1. 加层方案的确定

在确定加层方案时，主要考虑以下几个问题：

1）地基强度

由于加层的内外墙采用轻质材料，经过计算分析，原地基、基础满足设计要求。

2）原结构抗震性能

采用中国建科院的TBSA程序对该建筑进行了分析，该建筑加层后能满足7.5度的设防要求，经有关部门批准，该工程抗震设防可按7度考虑。

3）加层方案

主要考虑两种加层方案：一种是在原结构上直接加层法，另一种是采用外套框架结构法。经过计算，可以采用直接加层法对原结构加层改造。采用此方案后，既节约了投资，又可以缩短工期。

2. 结构特点

由于该工程是在原有框架上直接加层，而且同时又向外扩建出一跨（四层）。因此，在结构构造上出现了原有柱上接柱、原有梁外接梁、原有梁柱既向外接梁又向上接柱的三种情况，下面分别介绍三种构造的具体做法。

1）柱上接柱

（1）钢筋生根

新柱钢筋生根采用 8ϕ22 浆锚插筋，插筋锚固长度不小于 25d，伸出长度不小于 40d。插筋钻孔时，为了避免伤及梁柱主筋，钻孔位置偏里，距柱外皮 100mm，如图 2-1-5 所示，钻孔深度不超过梁底纵筋，且不小于 25d，钻孔直径 36mm。锚浆料采用环氧树脂。

（2）节点加强

由于柱钢筋有效高度减小了近 100mm，使得新接柱子在生根处抗弯强度降低，为了增加柱子的抗弯强度及提高柱节点刚度、在柱每边原主梁的上、下 500mm 范围内，各加一块钢板，并在四角部位用角钢与钢板焊牢，钢板与柱表面之间的空隙用 1:1水泥砂浆灌实，如图 2-1-5 所示。这样既保证了上、下柱连接的可靠性，又能符合计算要求。

（3）为了保证施工及质量，柱上接柱的具体施工如下：

①剔凿原柱顶混凝土前，先将主梁支撑牢固，每跨在 1/3 净跨处支顶两处。

②剔凿柱顶垫层及混凝土保护层，露出柱顶范围内的钢筋，以便检查钢筋及柱筋位置。

③凿开保护层后，确定钻孔位置及深度，原则是不得伤及梁柱主筋，钻孔深度不小于 25d，但不超过梁底纵筋。

④植筋前，应将孔内灰渣冲洗干净，用电热棒烘干后，再

灌环氧树脂植入钢筋。

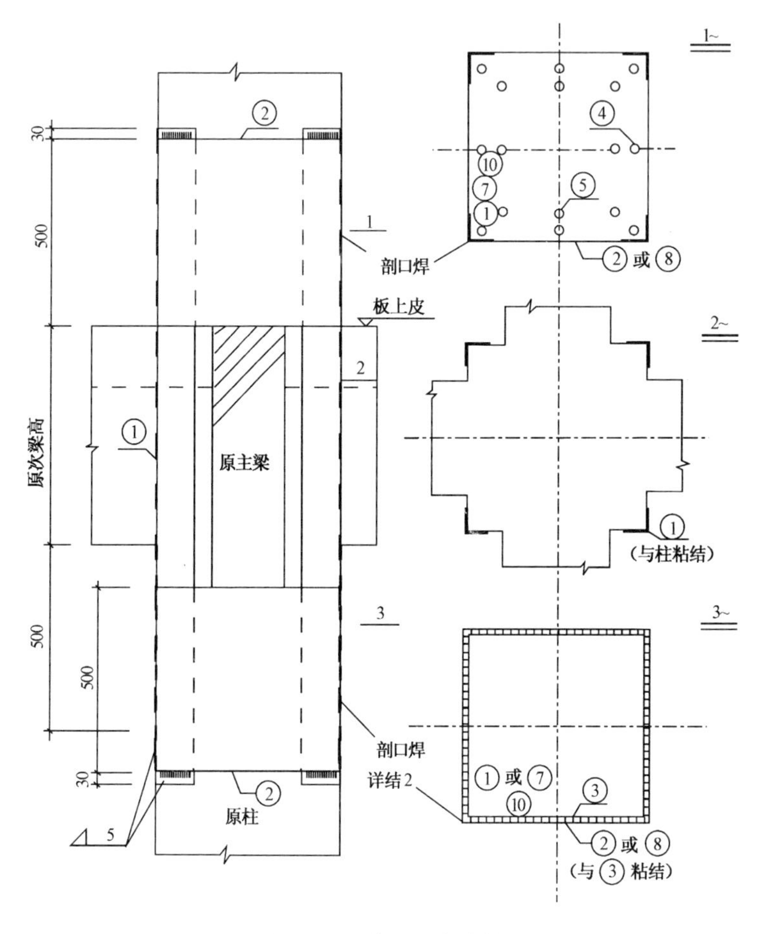

图 2-1-5　接柱节点大样

⑤用 1∶1 水泥修补凿去的保护层及垫层，养护 2d 后，再拆除主梁支撑。

⑥最后采用钢板及角钢加固。

2）梁外接梁

因为在Ⓐ—Ⓑ轴扩建一跨4层结构，其他部分是在原结构上加层，这样两者的沉降必然不同，所以，把新扩建的一跨的梁做成简支梁，以防止差异沉降造成梁的开裂。

（1）接梁的生根

同柱子生根法相同，柱四周梁上、下部为各加一块宽为250mm的钢板，柱四角用角钢与钢板焊牢，钢板与柱边缘角钢之间的空隙用1∶1水泥砂浆灌实，在准备接梁的一侧角钢上在接梁标高处焊一块钢板，在其上焊出竖向横向钢板形成钢牛腿，用以固定梁的受力钢筋。另外，还有一种情况，到顶层柱顶部位接梁时，为了能固定柱四角的角钢，柱四周梁下部位各加一块宽为250mm的钢板，而在柱顶上用结构胶粘贴一块平放的钢板，并与柱四角的角钢焊牢，从而使角钢在梁上下部位均有固定点，加强了角钢与柱的连接强度。

（2）简支梁的构造处理

为了防止新、旧建筑物的差异沉降引起梁的开裂，新接的梁做成简支梁。

①把固定梁纵向受力钢筋的纵向钢板剪出一个缺口，目的是为了使钢牛腿只承受梁传来的剪力，而不承受弯矩，竖向钢板剪一个口后，梁端抗弯刚度降低，梁端转动性能增加，从而避免了差异沉降引起梁的开裂。

②把新接梁做成变截面梁。

③为了防止梁端开裂对受剪承载力的影响，在梁端部箍筋加密。

3）接梁又接柱的节点

接梁又接柱的节点是把以上两者结合起来，具体做法不再赘述。

1.5 某住宅楼轻钢结构加层改造

轻钢结构因其自重轻、抗震能力强、施工周期短、工业化程度高等优点，广泛应用于加层改造项目工程中。在轻钢结构加层中，要确保钢柱柱脚与新增地梁的可靠连接，这是保证设计、施工质量的关键。同时，钢梁与原混凝土梁的节点连接也至关重要。加层施工期间，应对原建筑物及相邻建筑物进行沉降、倾斜观测，发现异常应及时分析原因，处理解决。在该加层工程施工时，并未对居住者造成不利影响。该住宅楼为31层的钢筋混凝土剪力墙结构，根据业主需要，在已建成的住宅楼某一块屋面上新增1个2层的民用住房。加层建筑面积约为106m^2，新增建筑每1层的高度均为3.0m，加层部分采用钢结构形式。

1. 加层方案材料的选择

如果增加2层混凝土框架及楼板，经济成本较低，但自重增加，结构的荷载增大，而且混凝土框架结构柱与剪力墙的节点连接困难。另外，业主对建筑面积的要求较高，希望增加有效使用面积，而混凝土结构相对占用较大的使用面积。同时，混凝土框架楼板还具有施工周期长的缺点。由于钢结构具有自重轻、韧性塑性好、材质均匀、施工周期短等优点，通过以上方案比选，加层的材料采用钢结构较为合理。

2. 新增地梁的连接

地梁两端与剪力墙相连接，经过验算可知地梁的强度、刚度以及整体稳定性都满足规范要求，是安全的，同时经计算分析，其他几段地梁和钢柱也满足规范要求。

3. 混凝土梁的加固计算

1）梁的加固方案

由于传统的加固方法使得混凝土结构被加固后成为组合结构体系，并有一定程度的损伤原结构，同时也影响了结构的外观。另外，传统的加固技术还会减小建筑使用空间。在众多的传统加固技术中，碳纤维材料加固与较为先进的粘钢加固法类似，但在多数情况下，粘贴碳纤维加固比粘钢加固法更优越，所以选用碳纤维材料加固梁。

2）钢梁与混凝土梁节点的连接

在对既有结构进行改造的同时，应采取有效措施保证新增构件与原结构构件间的可靠连接，形成一个整体，共同承担建筑物受到的各种作用。钢梁与原混凝土的连接需要采取适当措施方可实现其连接。主刚梁与混凝土梁的节点连接方式如下：先用植筋法将锚板固定在混凝土梁外侧，在混凝土梁对应主钢梁的位置植入锚筋3ϕ18mm（植入深度为200mm），锚筋与锚板穿孔塞焊，再在锚板表面焊接1根角钢。主钢梁安装时，先将主钢梁腹板与角钢用M16螺栓相连，再在主钢梁另一侧用一块相同的角钢夹住，该角钢也与锚板焊接固定，最后钢板与混凝土之间的间隙用环氧胶填实。次钢梁与原混凝土梁的连接和主钢梁与原混凝土梁的连接方式相同。

1.6 某日报社综合楼加层改造设计

该日报社综合业务楼始建于20世纪50年代，砖混结构，地下1层，地上4层，面积6150m^2，全长90m，分为三段，现浇楼屋盖。1976年唐山地震时，房屋有轻微损坏，随后对房屋进行了抗震加固。现要求在原建筑上加建四层（局部五层），结构采用外套框架形式，新老结构完全脱开。

1. 结构布置

为减轻自重，争取房间净高及加快施工进度，主次梁均采用钢结构。由于开间较小，荷载不很大，以一层主梁托两层楼盖。主梁为钢板组合焊接工字梁，高1m（中间部分为1.2m），托层梁用40号工字钢，次梁间距2.4m左右。柱子采用钢柱外包钢筋混凝土的形式，钢柱为钢板组合焊接工字型截面，高600mm，翼宽250mm，混凝土断面400mm×1100mm。纵向框架梁采用工字钢外包钢筋混凝土。梁断面为200mm×400mm（中间部分，为控制纵向变形，梁断面改为250mm×650mm）。

2. 结构设计与内力分析

1）基础

基础采用大直径灌注桩，每柱一桩，桩身平均10m左右。为加强刚度，每两根桩加一根辅桩，三根桩组成一个三角形的承台，纵向设拉梁。

2）框架设计

由于两翼比较规则，开间较均匀，所以取一榀框架进行分析，框架主梁与柱刚接，托层梁与柱铰接，为减少托层梁跨度，在中间走道处设置小柱。中间部分框架各榀差异较大，故按对称取三榀框架协同计算，仍使用平面杆系计算程序，各榀之间虚设铰接刚性杆连接，以模拟协同工作，纵向按中间及两翼分别计算。

3. 主要构造做法

1）所有钢梁与钢柱的连接均按钢结构的设计。

钢柱分三节加工、吊装。第一节从桩顶至±0.000，柱长3.10m。第二节从一层至五层中部，柱长15.85m。第三节从五层中部至八层，柱长14.45～17.45m，大梁与柱为刚接。为保证连接质量，减小大梁的吊装长度，节点随钢柱在工厂内制作完成。主梁与次梁的连接采用高强螺栓，主梁本身的接头用高强螺栓加焊接。

2）钢柱上含有栓钉，以加强与外包混凝土的可靠连接，保证剪力的传递，每柱配8ϕ32钢筋，钢筋采用锥螺纹接头。

3）钢梁上也焊有栓钉，以保证楼板的连接。

1.7 南京市某医院大楼轻钢结构加层设计

轻钢结构加层设计有利于降低建筑物的总质量，对下部结构的影响相对较小，保证加层后形成上柔下钢结构在地震作用下的安全，是轻钢结构加层设计的关键问题之一。轻钢结构加层扩建部分与下部结构须形成整体，确保传力可靠，当下部为砖混结构时，应对原屋顶加浇混凝土圈梁，同时要注意与原有建筑物的风格一致。该工程主楼是一幢集门诊、医治、办公于一体的大楼，该楼建于1984年，建筑面积为3360m²，房屋结构形式为砖混结构，主体4层，局部3层，基础为钢筋混凝土条形基础，每层外墙和隔开内墙均设置有圈梁、纵横墙相交处设置了构造柱。近年来，由于学校发展迅速，原医院主楼已不能满足现有使用功能的需要，而四周又没有可供利用的土地，因而加层扩建成为建设单位的首选方式，拟在三层部位增加一层，新加层平面轴线尺寸为20000mm×8400mm，屋顶结构平面布置如图2-1-6所示，西侧Ⓙ—Ⓛ部分与主体相连。

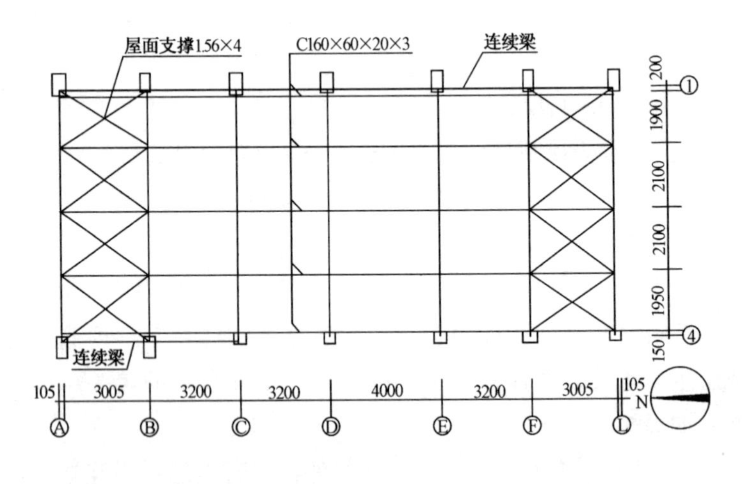

图2-1-6　屋顶结构平面布置

1. 结构方案

由于大楼地基承载力仅为80kPa，为减轻建筑物重量，保证大楼的结构安全，经多种方案比较后，确定采用轻型钢结构加层，为保证传力可靠，施工方便，采用了柱下铰接方案，屋面由于跨度不大，所以采用单面排水方式，刚架跨度为8400mm，与柱子刚接。屋面采用带保温层的压型钢板，墙体采用ALC板竖向布置，在端部采用ALC板伸出屋面做女儿墙，主力面则采用混凝土板出挑，以保持与原有房屋的建筑风格相一致。为保证新加层部分与下部形成整体，将原有三层屋顶圈梁顶面凿毛后，加浇筑240mm×390mm的圈梁。同时，对下部墙体采用钢筋网水泥浆法进行了加固。梁柱均采用H型钢，梁体刷防火涂料防火，柱子考虑到须设置装饰柱与原有壁柱相协调，保持原有建筑风格，采用了外包混凝土的方法进行防火处理。

2. 支撑布置

由于轻型钢结构侧向刚度较小，必须设置足够的支撑系统，以保证结构的整体稳定性和空间刚度，抵御风力和地震作用，房屋横向支撑布置在房屋的端部开间。为了便于外挑檐沟，设置女儿墙，纵向柱子之间设置了混凝土连系梁。同时，为保证钢架具有足够的侧向刚度，防止柱子的侧向位移，连系梁与柱子之间设置了加腋支撑，也有利于建筑采光和室内美观。

3. 结构设计

结构设计进行了竖向力与风荷载作用下的构件选用以及结构的抗震验算。构件选用时，通过对梁柱刚度的反复调整、验算，最后确定两柱采用同一截面，全部采用H型钢。抗震验算采用底部剪力法，对结构进行离散化，将加层部分质量集中到楼盖处。同时考虑到加层结构的刚度远小于下部已有结构，存在明显的鞭梢效应，计算出的地震力乘以放大系数。

1.8 北京某邮局加层改造工程

该邮局建于20世纪70年代，2层钢筋混凝土框架结构，柱网5.9m×6.1m，单独柱基，面积为2380m^2，原建筑平面如图2-1-7所示。要求在原建筑上加建2层，其中东端第三层为大空间，无柱无四层楼板。

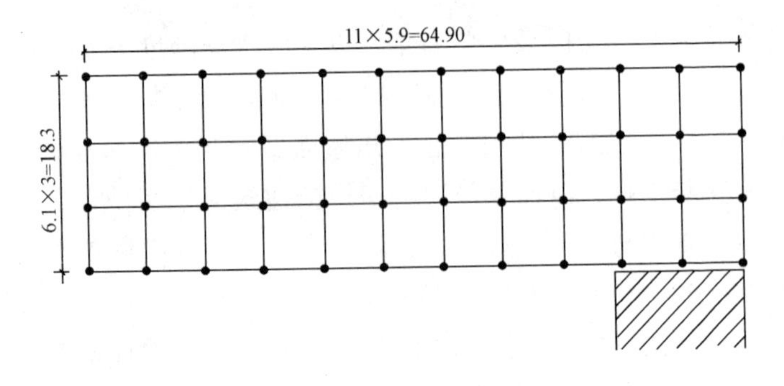

图 2-1-7 原建筑平面

1. 结构布置

经核算，在原建筑物采用直接加层已不可能，尤其东端大空间部分不能有柱，如加层屋顶的荷载落到原建筑的边柱及角柱上，则加层荷载产生的内力已超出原柱所具有的强度很多。因此，采用外套框架加层法比较适用。新加外套框架柱的基础须避开原结构的单独柱基，因此，外套框架轴线插在原建筑柱轴线的中间，原建筑拐角处不能加柱，则用梁跨过。如图 2-1-8、图 2-1-9 所示。

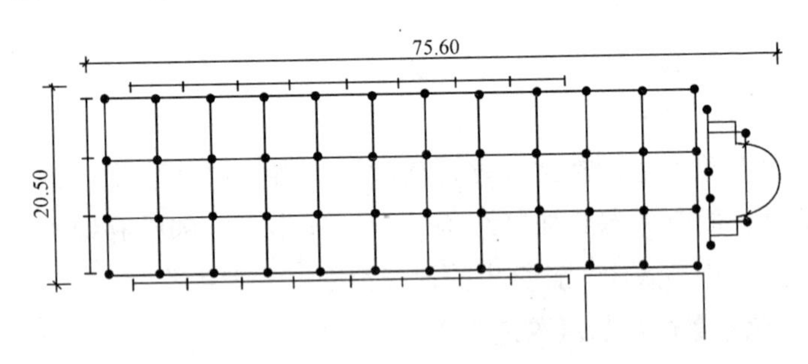

图 2-1-8 首层结构平面

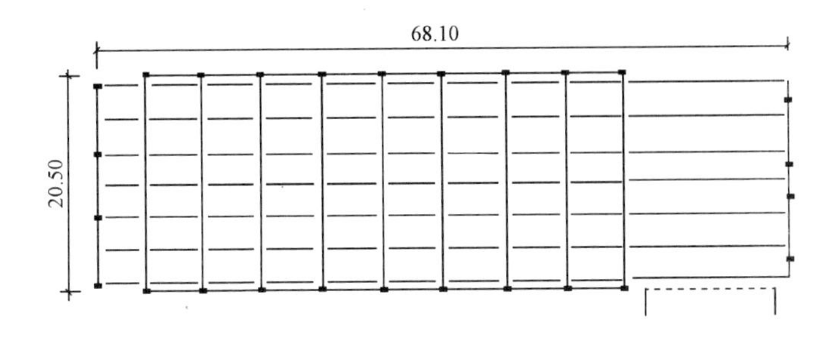

图 2-1-9　屋顶结构平面

采用外套框架后，框架横梁达 20.5m。根据其他专业的要求，为了减小三层顶板结构的梁高，以获得较大的房间净高，便于在吊顶部分走设备管线，三层顶板结构采用悬吊做法，即：将三层顶板的荷载通过吊柱传至屋顶大梁。如图 2-1-10 所示。楼面板为现制钢筋混凝土，主次梁为钢梁，柱为劲性钢筋混凝土柱，门头部分为现制钢筋混凝土板柱。

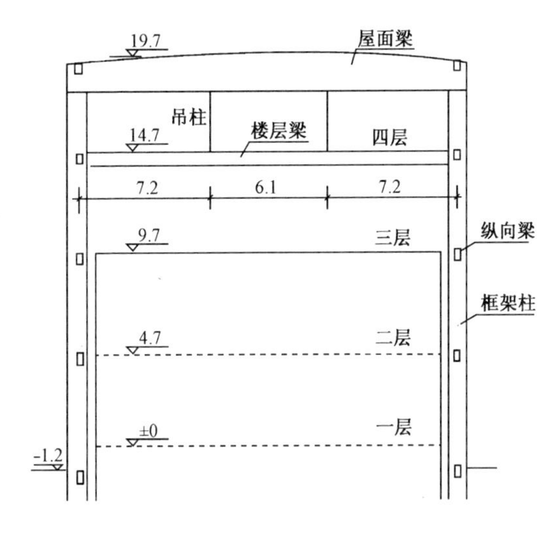

图 2-1-10　结构剖面图

2. 结构设计

1）基础

由于现场的地下水位很高，采用井点排水等方法施工时，不但费用高，且原建筑拐角处施工尚有相当大的困难，最后基础采用旋喷桩。

2）框架设计

框架内力分析采用建研院的 TBSA 程序。钢筋混凝土部分，直接采用其计算结果。钢梁及劲性钢筋混凝土柱则根据程序计算的内力，手工组合后再进行构件设计。

通过调研，得出我国既有建筑在加层改造过程中，普遍存在的问题如下：

（1）既有建筑加层改造工程的结构鉴定属专项技术。如加层改造设计单位需要有相应的资质，监理单位应严格按照国家相关标准及监理细则对加层改造的工程质量进行跟踪控制。由于对上述规定缺乏了解，相当多的加层改造工程在实施过程中，存在质量责任主体行为缺失问题，而且较为严重。

（2）加层改造工程作为一项较为特殊的技术处理工作，有其自身特殊性。因此，加层改造工程必须遵循严格的程序，即可靠性鉴定、加层改造方案的选择、加层改造的设计、施工组织管理以及工程验收等流程。在监督过程中，很多工程参建单位不了解上述程序，既有建筑加层改造设计前未对原建筑结构作检测、可靠性鉴定及评估等工作，致使加层改造施工工序及施工作业随意性强，部分工程施工完成后相关责任主体不进行专项验收，对加层改造质量不能形成明确的结论。

（3）目前，我国既有建筑加层改造的鉴定与加层改造类标准、技术规程等发展水平与工程实际需要存在严重的滞后性。很多标准及技术规程编制水平及条件还停留在几十年前，一些较为先进的技术没有及时纳入此类技术标准中。同时，我国目前涉及加层改造工程的检测、鉴定、评估等标准、规范种类繁杂零散，缺乏系统性，相应的加层改造效果验收也是流于形式。原因在于相关单位不了解相关标准及技术规程的要求，提不出具体要求。大部分工程技术人员，包括设计、监理及施工单位普遍反映对此类标准及技术要求了解甚少。

（4）加层改造工程多为专业分包队伍实施，相当多总包单位由于自身知识的局限性，对加层改造分包缺乏管理，基本采取以包代管模式，未落实总包单位应尽职责。

（5）监理单位也因相关知识缺乏而将监理工作（质量证明文件、工序、隐蔽验收、重点部位等）流于形式。

（6）施工过程疏于管理，工序控制混乱，加层改造所用材料质量证明文件严重缺失，部分需进行现场加固性能检验的工作也未执行。

第二章　既有建筑加层改造的鉴定

目前，既有建筑的加层改造已被提升到显著的位置，在加层改造过程中，原建筑大部分都存在不同程度的结构缺陷、设备老化等问题，而且不满足抗震要求。因此，在既有建筑加层改造前，需对原建筑进行结构的检测、鉴定和评估，然后根据评估结果确定原建筑是否具备加层改造的条件，加层改造后的建筑是否满足结构安全和抗震要求。

2.1　建筑加层改造鉴定主要内容

既有建筑加层改造工程技术鉴定内容主要有以下几个方面：

1. 地基基础方面：

1）地基土层分布及土质类别情况。

2）原设计地基的承载力及承载力可能增长的情况。

3）基础类型、尺寸、埋深、材料及现状。

4）地下水位变化情况等。

2. 原建筑物的平面、剖面及结构布置的描述与评述，并对使用情况及现状作评估。

3. 原建筑的墙、梁、柱等结构构件有无明显损坏或裂缝，主体结构尺寸、材料、砌体、砂浆强度，结构构件连接情况等。

4. 原建筑的女儿墙、山墙、内墙、隔墙和楼梯等的现状及评估。

5. 邻近建筑物的情况（建筑物高度、基础埋深等）。

6. 根据原建筑物的荷载及构造的实际情况，进行内力分析，并对上部结构、构件及地基基础验算。

2.2　建筑加层改造鉴定与评估技术

2.2.1　结构可靠性鉴定

1. 结构可靠性鉴定基本概念

结构的可靠性是指结构在规定的设计基准期（一般为50年）内，在正常设计、正常施工、正常使用的条件下，完成预定功能的能力，是结构安全性、适用性、耐久性的总称。

1）“安全性”即建筑结构在规定的条件下，应能承受可能出现的各种荷载及外加约束作用，以及遇到偶然事件时，应能保持必要的整体稳定性。

2）“适用性”即建筑结构在正常使用时，应能满足正常的使用要求，如不能有过大的变形、裂缝等。

3）“耐久性”即建筑结构在正常使用、正常维护下，材料性能虽随时间推移而变化，但仍能满足预定功能的要求（如在基准期内，砂浆粉化、砖墙体风化、混凝土的碳化、钢材的锈蚀及木材的腐朽等均不能超过规定的限值）。结构耐久性鉴定只能根据现有结构的耐久性性能及使用中的耐久性累积损伤信息反馈，鉴定的重点是根据结构的损伤程度、损伤速度、维修状况及其对结构安全的危害程度等，并推算其结构自然寿命的剩余耐久年限，估计结构在正常使用、正常维护的条件下，继续使用是否能满足下一个目标使用年限的要求。

结构可靠性鉴定就是通过调查、检测、分析和判断等手段对实际结构的“三性”进行评定的过程，结构质量检测好比医生看病时的各种检查化验，目的在于解决在缺乏资料的情况下，对既有建筑物进行鉴定、加层、加固、改建检测，对结构存在过度变形、裂缝、腐蚀、火灾、爆炸、地震等造成建筑物损伤等情况，都必须通过结构检测来确定材料的力学性能、结构实际工作状况和承载能力，测取一些必要的数据，为鉴定及加层改造提供依据。结构检测内容主要为材料强度、结构裂缝、结构变形、结构缺陷、结构腐蚀和荷载条件等。通过结构损伤分析原因及其对结构的危害，作出鉴定结论。最后，应对现存建筑物提出处理意见，确定是否需要进行加层改造。

2. 结构可靠性鉴定常用方法

对结构可靠性鉴定的方法有传统经验法、使用鉴定法、概率法以及概率极限状态鉴定法等，现阶段主要采用的方法为概率极限状态鉴定法。

2.2.2 结构鉴定遵循的依据

工业建筑、民用建筑、危房及抗震检测、鉴定及评估应符合《工业厂房可靠性鉴定标准》GBJ 144、《民用建筑可靠性鉴定标准》GB 50292、《危险房屋鉴定标准》JGJ 125 和《建筑抗震鉴定标准》GB 50023 的相关要求。

2.2.3 结构鉴定的评级标准

1. 工业建筑的可靠性鉴定评级应符合《工业厂房可靠性鉴定标准》GBJ 144 的相关规定，可划分为子项、项目或组和项目、评定单位三个层次，每个层次划分为四个等级。

2. 民用建筑的鉴定评级，包括安全性、正常使用性以及适修性评级三个概念。民用建筑的可靠性鉴定评级的层次、等级划分，以及工作步骤和内容应符合如下规定：

1）安全性和正常使用性的鉴定评级，应按构件、子单元和鉴定单元各分三个层次。每一层次分为四个安全性等级和三个适用性等级，从第一层开始，分层进行：

（1）根据构件各检查项目评定结果，确定鉴定单元等级。

（2）根据子单元各检查项目及各种构件的评定结果，确定子单元等级。

（3）根据子单元的评定结果，确定鉴定单元等级。

2）各层次可靠性鉴定评级，应以每层次安全性和正常适用性的评定结果为依据综合确定。每一层次的可靠性等级分为四级。

3）当仅要求鉴定某层次的安全性或正常使用性时，检查和评定工作可只进行到该层次相应程序规定的步骤。

民用建筑应按每种构件、每一子单元和鉴定单元分别进行，且评估结果应以不同的等级表示，每一层次的等级分为四级。有关民用建筑安全性、正常使用性以及适修性鉴定分级标准应符合《民用建筑可靠性鉴定标准》GB 50292 的相关规定。

2.2.4 抗震鉴定评级

抗震鉴定评级应符合《建筑抗震鉴定标准》GBJ 50023 的相关规定，同时，抗震鉴定评级应满足下列要求：

1. 建筑结构类型不同的结构，其检查的重点、项目内容和要求不同，应采用不同的鉴定方法。

2. 对重点部位与一般部位，应按不同的要求检查和鉴定。重点部位指影响该类建筑结构整体抗震性能的关键部位和易导致局部倒塌伤人的构件、部件，以及地震时可能造成次生灾害的部位。

3. 对抗震性能有整体影响的构件和仅有局部影响的构件，在综合抗震能力分析时应分别对待。

此外，抗震的鉴定方法，可分为两级。第一级鉴定应以宏观控制和构造鉴定为主进行综合评价，第二级鉴定应以抗震验算为主结合构造影响进行综合评价。当符合第一级鉴定的各项要求时，建筑可评为满足抗震鉴定要求，不再进行第二级鉴定。当不符合第一级鉴定要求时，除标准有明确规定的情况外，应由第二级鉴定做出判断。抗震鉴定采用两级鉴定法，是筛选法的具体应用，将抗震构造要求和抗震承载力验算要求更紧密配合在一起，具体体现了结构抗震力是承载能力和变形能力两个因素的有机结合，并按建筑类别（甲、乙、丙、丁）和设防烈度（6、7、8、9 度）区别对待。

第三章 既有建筑加层改造的技术要求

目前，我国现存的各种建筑物约三分之一的建筑已经达到设计使用年限，这些建筑安全储备不足，拆除重建既不经济，又不现实，这就蕴含着一个较大的加层改造空间。部分建筑无论是周边环境，还是社会需求方面，都具有加层改造的可能性和必要性。本章从既有建筑物加层改造的技术方面进行分析，探讨钢筋混凝土结构、砌体结构在加层改造及节能改造中出现的技术问题，借助相应政策体系的支持，应用加层改造及节能改造技术，实现缩短建筑物加层改造建设的周期。

3.1 建筑加层的一般规定

在大规模对既有建筑进行加层改造的过程中，建筑物的加层改造与结构的加固改造紧密结合，建筑物加层的结构设计应满足以下规定：

1. 建筑物加层改造应以检测和鉴定结果作为其加层结构设计的依据。

2. 建筑物加层改造的结构设计应符合国家现行标准的规定。

3. 建筑物的加层改造应采用合理的结构体系，力求计算简图符合实际，传力路线明确，构造措施可靠。

4. 加层结构应具有合理的刚度分布，避免因刚度突变形成薄弱部位，对可能出现的薄弱部位应采取措施，提供其承载力及刚度。

5. 建筑物的加层改造应尽量采用轻质高强材料。

6. 应根据地基条件和建筑物的重要性，提出沉降观测的具体要求。

3.2 建筑加层结构的选择原则

既有建筑加层改造宜采取加层改造和抗震加固相结合的方

式，来改善原建筑物的使用功能。既有建筑加层改造应以检测、鉴定及评估结果作为加层改造结构设计的依据，充分发挥原有结构（包括地基、基础）的承载力，应考虑各种不利因素，以确保加层后的结构安全。

3.2.1 安全可靠

1. 建筑物加层改造的结构设计应符合国家现行结构设计标准。

2. 加层与抗震改造结合应采用合理的结构体系，力求计算简图符合工程实际情况，传力路线明确，刚度和强度分布合理，计算方法可靠，构造措施可靠，施工方法简便，新老结构的抗震能力及关系协调一致，保证加层后新老结构协调工作，保证地震时结构的安全。

3. 应尽量减少由于加层改造给既有建筑物承重结构造成的附加应力和变形。

4. 地震区的既有建筑物加层应遵循“先抗震加固，后加层改造”的原则。

3.2.2 经济合理

1. 充分发挥原有建筑物的承载潜力。

2. 既有建筑加层改造应采用轻质高强材料，以减少加层部分的质量。

3. 加层改造和结构加固相结合，完善原有建筑物的功能、设施，从而提高其使用功能。

4. 进行多方案的经济技术比较，选择经济合理的方案。

5. 做好废弃物的回归利用，减少废弃物的处理量。

3.2.3 有利抗震

1. 建筑物的加层改造设计应符合《建筑抗震设计规范》GB 50011 的规定。

2. 建筑的加层设计应具有合理的地震力作用传递路线、足够的承载力、良好的适应变形能力和吸能耗能能力。如隔震技术、防地震保护装置阻尼的应用。

3. 应具有合理的刚度分布，防止竖向刚度突变，上柔下刚，造成柔性低层，产生过大的应力集中和塑性变形。对薄弱部位，应采取相应的措施，提高其抗震能力。

4. 宜设置多道抗震防线，避免因部分结构或构件破坏而导致整个建筑物倒塌或破坏。

3.2.4　方便施工

1. 应考虑加层改造施工期间及改造后，对相邻建筑物的不利影响，同时应做到加层施工时原建筑物不间断使用，加层施工工期应尽量缩短。

2. 施工中应避免噪声、粉尘等的污染。

3.2.5　节约能源

1. 在建筑物加层改造的设计施工过程中，要有建筑节能意识的约束和相应的节能法规、标准的限制。

2. 在建筑物的加层改造设计中，要做到四节一环保的要求。

3. 建筑物加层改造部分要符合国家合同能源管理项目的相关要求。

3.2.6　美观实用

1. 尽量满足限制条件，结合本地特点，因地制宜。

2. 平面设计在满足使用要求和建筑功能的前提下，应考虑结构布置的合理性。当采用直接加层设计时，应使新增加部分与原建筑的墙、柱上下对应，卫生间、厨房等也应上、下对应。

3. 利用加层改造的建筑设计，改善使用功能，改进立面造型，立面设计宜保持与相邻建筑风格基本一致，重视室内外环境的处理。同时，加层改造要符合城市规划的要求，加层部分与城市景观或小区建筑应协调一致。

3.3　建筑加层改造的原则

既有建筑加层改造的目的就是提高已丧失或降低的结构可

靠性，使失去部分抗力的结构或构件重新获得，或大于原有的抗力。主要包括以下内容：

1. 提高结构构件的承载力。

2. 增大结构构件的刚度，减小荷载作用下的变形、位移。

3. 增强构件的稳定性、减小结构裂缝的开展以及改善其耐久性。

对于经过鉴定、评估的原建筑，满足加层改造条件要求的，必须按照相应的加层改造规则进行。既有建筑加层改造应综合考虑其技术经济效果，避免不必要的拆除或更换。对于加层改造过程中可能出现倾斜、失稳、过大变形或坍塌等情况，结构上应在加层改造设计中提出相应的临时性安全措施，方能进行施工建设，并明确要求施工单位必须严格执行。

3.4 建筑加层改造的程序

既有建筑的加层改造应按照如下程序进行：

1. 确定加层改造方案：方案的优劣，不仅影响资金的投入，更重要的是影响加层改造质量。例如，对于裂缝过大而承载力已足够的构件，若用增加纵筋的加固方法是不可取的。因为，增加纵筋不会减少已有裂缝。有效的办法是采用外加预应力钢筋，或外加预应力支撑，或改变受力体系。又如，当结构构件的承载力不足，或刚度不足时，宜优先选用增设支点或增大梁板结构构件的截面尺寸，以提高其刚度和改变自振频率。再如，对于承载力不足而实际配筋已达到超筋的结构构件，仍在受拉区增配筋是起不到加固作用的。

2. 加层改造设计：包括被加固构件的承载力验算、构件处理和施工图绘制三部分。加层改造设计单位必须有相应的设计专项资质，否则不能从事此类设计工作。

3. 加层改造工程的施工：当采取专业分包作业模式时，必须交由具备相应加层改造施工专项资质的单位实施。应严格按照《房屋建筑和市政基础设施工程施工分包管理办法》（住房和城乡建设部令第124号）的相关要求执行，即：施工总包与加层改造专业分包签订总分包合同，并在规定时限内将分包合同报送地方建设行政主管部门备案，同时施工总包单位应在施工现场设立项目管理机构和派驻相应人员，并对该工程施工活动组织管理。

4. 加层改造工程施工组织设计：加层改造设计时，应充分考虑加层改造施工是在荷载或部分荷载的情况下进行的。因此，施工安全非常重要。施工前应尽可能卸除一部分外载，并采取相应的顶撑技术，以减小原结构构件中的应力。

5. 拆除原有的废旧构件：拆除原有的废旧构件时，应注意观察有无与原检测情况不相符合的地方，工程技术人员应亲临现场，随时观察有无意外情况出现。如有意外，应立即停止施工，并采取妥善的处理措施。在补加构件时，应注意新老构件结合部位的粘结或连接质量。

6. 组织专项验收，并对验收进行监督：加层改造工程施工完成后，应及时组织参建单位（包括业主、监理、设计、施工总包、加层改造分包等单位）进行专项验收，并通知监督机构对验收过程进行监督。

3.5 建筑加层改造材料的选择

3.5.1 加层改造屋顶材料的选择

既有建筑加层改造后，屋顶通常采用轻型钢结构骨架体系，轻型钢结构骨架构成主要采用冷弯薄壁型钢、热轧或焊接H型钢、T型钢、焊接或无缝钢管及其组合构件等。轻型板材如石膏板、OSB板及无机预涂装饰板等作为维护结构。采用钢结构骨架使室内使用空间增大，房间隔断更加灵活，屋面造型丰富多彩。轻质板材的使用，使室外装饰材料的类型和色彩有更多的选择余地，可以充分发挥建筑师的想象力，设计出美观、适用、健康环保的“绿色建筑”。这种轻钢建筑体系由于重量轻，抗震、抗风能力强，能实现工厂化预制与现场干作业等特点可以用于既有建筑的加层改造。

3.5.2　加层改造承重构件的选择

加层结构设计中，尽量采用轻质高强结构构件来减轻地震灾害。结构构件可选用以下材料：

1）轻钢结构：具有重量轻，强度高，弹塑性好的优点，有利于提高抗震性能，同时便于制作、方便施工等优点。设计中应考虑钢架结构的强柱弱梁要求，使柱的屈服弯矩大于梁的屈服弯矩。

2）钢管混凝土：利用钢管混凝土的约束作用，使其处于三向受压状态，从而具有更高的抗压强度和变形能力。在提高延性的同时，还具有减轻结构自重、节约材料、方便施工等优点。

3）钢纤维混凝土：混凝土中掺入1%～2%（体积比）的短钢纤维，具有良好的抗震延性，还有较高的抗拉、抗裂和抗剪强度，以及优越的抗冲击韧性。

3.6　建筑加层改造的质量控制

3.6.1　质量控制

1. 重点审查加层改造设计单位是否具备加固设计专项资质、施工单位是否具备加固工程施工专项资质。

2. 监理单位在监理规划及实施细则中应明确加固改造工程的控制要点，针对重点部位制订旁站监理计划，要加强加层改造工程原材料质量控制，做好隐蔽验收及关键工序的检验。

3. 施工单位应编制有针对性的加层改造施工专项方案，经公司技术部门负责人及监理单位总监审批合格后方可实施，如采用专业分包模式，专项方案还应经总包单位审查通过。方案还应明确施工安全措施，并在施工中严格落实。

4. 加层改造工程完成后，相关质量责任主体应组织加层改造工程施工质量专项验收，形成明确验收结论。

3.6.2　材料控制

既有建筑加层改造所采用材料种类繁多，主要有水泥、混凝土、钢材及焊接材料、纤维和纤维复合材料、结构加固用胶粘剂、混凝土裂缝修补材料以及阻锈剂等，均应符合相关国家标准的规定。需要强调的有：

1. 加层改造用的混凝土，其强度等级应比原结构、构件高一级，且不得低于C25。

2. 既有建筑加层改造工程选用聚合物混凝土、微膨胀混凝土、钢纤维混凝土、合成短纤维混凝土或喷射混凝土时，应在施工前试配，经检验其性能符合设计要求后方可使用。

3. 加层改造所用的钢材（钢筋、钢板等）应复验合格后使用。

4. 加层改造用的纤维复合材料（碳纤维布及条形板、玻璃纤维单向织物）安全性能指标必须符合国家相关标准的规定。当复验合格的碳纤维与其他改性环氧树脂胶粘剂配套使用时，应重新做适配性检验，检验项目包括：抗拉强度标准值、仰贴条件下纤维复合材与混凝土正拉粘结强度、层间剪切强度。

5. 承重结构的现场粘贴加固，严禁使用单位面积质量大于300g/m^2碳纤维织物或预浸法生产的碳纤维织物。

6. 承重结构用的胶粘剂，应作安全性能检验。浸渍、粘结纤维复合材料的胶粘剂必须采用专门配制的改性环氧树脂胶粘剂，其安全性能指标必须符合国家相关标准的规定。承重结构加固工程中不得使用不饱和聚酯树脂、醇酸树脂等作浸渍、粘结胶粘剂。

7. 粘贴钢板或外粘贴型钢的胶粘剂必须采用专门配制的改性环氧树脂胶粘剂，其安全性能应符合相关国家标准的规定。

3.6.3 验收控制

1. 每一道工序结束后均应按工艺要求进行检查，并做好相关的验收记录，如出现质量问题，应立即返工。

2. 施工结束后，应进行现场验收。

3. 对重要构件的加固质量检验，各质量责任主体（建设、监理、施工总包、加固专业分包、设计等）应对既有建筑加层改造工程组织验收，并及时通知监督机构对验收过程进行监督。

3.7 建筑加层改造工程的维护及使用年限

3.7.1 使用维护

既有建筑加层改造工程竣工后，很多使用单位认为加层改造是一项一劳永逸的事情，既然加层改造完成了就无需再去关注，这是极端错误也是极其危险的想法。事实上，加层改造作业是一项特殊的施工技术，加层改造后的效果受用途、使用环境等因素的综合影响，经常性的维护是延长加层改造工程使用寿命必不可少的举措。加层改造工程竣工验收合格后，相关单位，特别是设计及施工单位，应编制加层改造工程使用要求，并对使用过程中的维护工作提出具体措施。工程移交后，使用单位应指派专人负责管理工作，建立定期检查、维护、保养制度，并将检查中发现的问题及检查记录归档。

3.7.2 使用年限

既有建筑加层改造工程的使用年限，应由业主和设计单位共同商定。一般情况下，混凝土结构的加层改造工程宜按 30 年考虑。到期后，若重新进行的可靠性鉴定认为该结构工作正常，仍可继续延长其使用年限。检查的时间间隔可由设计单位确定，但第一次检查时间不应迟于 10 年。未经技术鉴定或设计许可，加层改造工程不得改变使用用途及使用环境。

第四章　既有建筑加层改造的技术研究

几十年来，我国对既有建筑的加层改造工程，由单栋建筑的小面积加层改造，发展到大面积建筑物的加层，由工业建筑的加层改造，发展到大型商场和公共建筑的加层改造。由在砖混结构上的直接加层，发展到采用外套框架加层、隔震穿透加层及顶升技术。由对旧建筑进行抗震加固改造，发展到加层改造。不同的加层改造方法各具优缺点，要针对不同建筑的情况，选择合适的加层改造方法，这样才能取得经济、安全的效果。针对不同的建筑物采用不同的加固加层方法，以期得到合理的经济效益评价。

4.1　直接加层法

直接加层法：对既有建筑适当处理后，不改变结构承重体系和平面布置，在其上部直接加层，该方法适用于原承重结构与地基基础的承载力和变形能满足要求，或经加固处理后即可直接加层的建筑，并且在加层后还具有一定的安全储备的结构，采用该方法加层一般不宜超过三层。

一般建筑物的地基在长期荷载作用下，由于地基土的压缩固结作用，可使土的承载能力提高，随着建造时间的增加，地基的承载能力随之增加。采用直接加层法设计时，先计算新加部分的结构内力，再把内力加进原有建筑，并对原建筑承载能力验算，主要包括地基承载力验算、钢筋混凝土基础抗弯及抗冲切验算、砖混结构的承重墙承载力验算、框架结构的框架承载力验算、原有屋面板改为楼面板后的承载力验算。

4.1.1　改变荷载传递路径

当原有建筑物的基础及承重结构体系不能满足加层后承载力的要求，或由于建筑物使用功能要求需改变建筑平面布置时，相应地需改变结构布置及荷载传递途径的加层方法。该方法适用于原建筑结构有承载潜力，增设部分墙体柱或经局部加固处理后，可满足加层要求的建筑。可以通过以下方法选择改变荷载传递路径：

1. 一般砖混结构（上、下部均为砖混结构）。在对地基基础及墙体强度复核验算并满足抗震设防要求后，可采用砌块或轻质材料来加砌新的上部墙体。当个别墙段或基础强度不足时，可先进行局部加固处理。加层的承重体系可在原承重墙体上加层，也可采用与体系相反的承重体系，即原建筑为横墙承重体系，加层部分为纵墙承重体系。原建筑为纵墙承重体系，加层部分为横墙承重体系，但必须在抗震要求的间距内布置上下连贯的刚性横墙。

2. 多层全框架结构。当加层部分仍采用框架时，上、下柱应对齐，将原结构框架柱顶凿开，接长钢筋后再浇筑加层部分的框架柱混凝土。在新老结构交接处，即原屋面处宜现浇截面较高的转换梁，以确保新老结构在加层处有可靠的传递，并增强节点的抵抗能力，对老框架强度的验算，除了考虑加层后增加的垂直荷载外，还要考虑建筑加高后，由于水平荷载增加而使侧移加大，必要时增设剪力墙控制侧移的影响，提高框架的承载能力。

3. 多层内框架结构。加层部分的结构布置与下层结构相同，内框架钢筋混凝土中柱、梁、砖壁柱设置至顶。根据抗震要求，层层设置钢筋混凝土圈梁，建筑四大角设抗震柱，新加层抗震纵横墙采用砌体。加层的可行性取决于原钢筋混凝土内柱及带有壁柱的砖砌体的承载能力。

4. 底部全框架结构。上部加层部分一般采用刚性砖混结构，由于上部加层而增加了底层框架垂直荷载和水平荷载，对于经过复核验算不能满足加层强度及抗震要求时，可采用口型钢架与原框架梁柱形成组合梁柱进行加固，此方案适合于非抗震区使用。

5. 下部砖混、上部框架结构方案。这种类型主要是为了减少加层荷载，在旧建筑上部采用填充轻质墙形成框架结构体系。采用该方案时，上部框架柱应有可靠的锚固或支承，通常应结合对旧建筑加固，宜对旧建筑设构造柱，使其与加层中的框架形成整体，从而使框架柱落地，构造柱应尽可能伸入现有建筑物室外地面下500mm或锚入基础圈梁内，以避免上部框架柱未落地，而只是在旧楼层圈梁上连接，造成锚固不可靠的后果。

6. 下部刚性方案、上部为弹性或刚性方案的砖混结构。此类建筑主要用于增设一个较大的空间，如会议室等。由于此类建筑的抗震性能差，不宜在地震区修建。在非地震区，应考虑新加纵墙有足够的承受横向风荷载的能力。此类建筑在加层时，应从外墙底部起，在室外侧沿增设扶壁砖柱，用以增强加层部分墙体抵抗横向水平力的能力，扶壁砖柱的断面应满足加层部分窗间墙的强度和稳定性要求，或加层部分增设钢筋混凝土柱与旧墙体增设的构造柱相连。

4.1.2　改变荷载传递路径加层法的设计

1. 设计要求

1）对加层后地基基础、承重结构及构件进行承载力和正常使用极限状态的验算。

2）采取可靠的连接措施，保证新加层结构与原结构的协同工作。

3）加层建筑地基的承载力在设计时可适当提高。

原屋面板作为加层后的楼面板时，应验算其承载力和挠度。原建筑与加层部分高差或荷载差异不宜过大，门窗洞宜上、下对齐，女儿墙应拆除，不得作为加层建筑的墙体。对于抗震设防区的加层建筑，加层前后应作抗震验算。

2. 改变荷载传递途径的方法

1）将原建筑的非承重墙改为加层后的承重墙。

2）增设新承重墙或柱。

3）抗震设防区的建筑加层，加层后的总高度和层数、高宽比、抗震横墙间距、局部尺寸限值、构造柱和圈梁的设置均应符合国家标准《建筑抗震设计规范》GB 50011 的相关规定。

3. 构造要求

1）新增设的横墙，应沿竖向连续贯通，其穿过楼面的做法详见图 2-4-1 所示。当新增设横墙穿过空心楼板时，应每隔 500mm 局部凿孔并灌注 C20 细石混凝土，见图 2-4-2 所示，且应保证新灌混凝土均匀、密实。

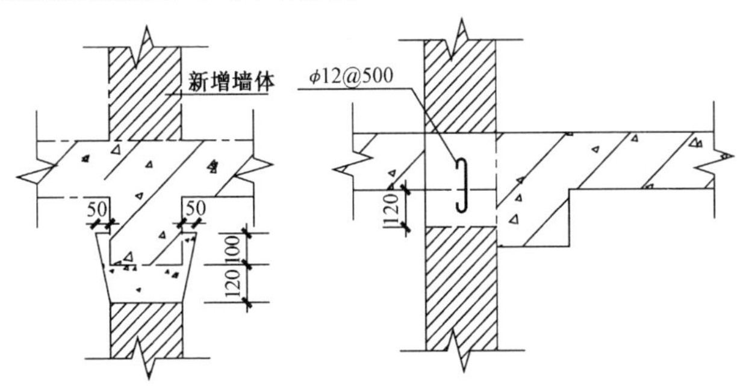

图 2-4-1　新增设的横墙穿过楼面

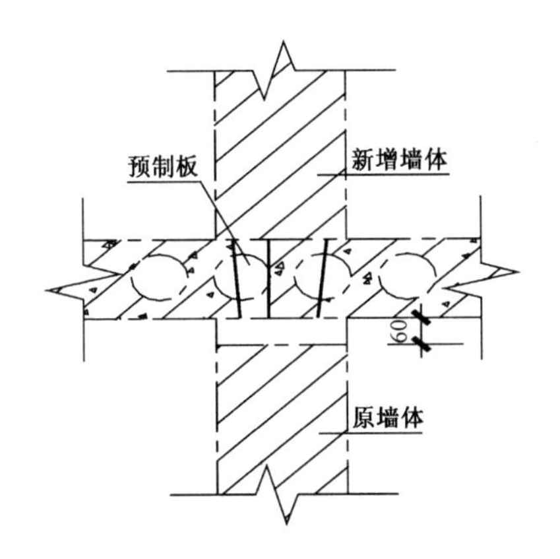

图 2-4-2　新增设横墙穿过空心楼板时

2）对于承载力或高厚比验算不满足现行规范要求的墙体，应增设壁柱，或加大墙体截面。

3）在抗震设防区，新增设的构造柱应穿过原楼板，沿竖向连续贯通设置。当原结构体系改为内框架且纵向窗间墙宽度小于1.5m时，应在窗间墙处增设钢筋混凝土构造柱。

建筑加层时，新增承重墙体与原墙体交接处应连接可靠。

4.1.3 采用直接加层时，对原建筑的常用的加固方法

1. 混凝土结构加固方法

根据工程的实际情况选用增大截面加固法、置换混凝土加固法、外粘型钢加固法、外粘钢板加固法、粘贴碳纤维复合材加固法、高强度钢丝网片—聚合物砂浆加固法、外加预应力加固法等。此外可以配合使用的技术包括植筋技术、锚栓技术、裂缝修补技术、托换技术、碳化混凝土修复技术、混凝土表面处理技术、填充密封、化学灌浆技术、结构构件移位技术、隔震托换技术等。各种方法适用范围如下：

1）增大截面加固法主要适用于钢筋混凝土受弯构件和受压构件的加固。

2）置换混凝土加固法：主要适用于承重构件受压区混凝土强度偏低或有严重缺陷的局部加固。采用该法施工过程中，置换截面处的混凝土不应出现拉应力，若控制有困难，应采用支顶等措施卸荷。

3）外粘型钢加固法主要适用于需要大幅度提高截面承载能力和抗震能力的钢筋混凝土梁、柱结构，同时也适用于对钢筋混凝土受弯、大偏心受压和受拉构件，但该法不适用于素混凝土构件，包括纵向受力钢筋配筋率低于现行国家标准《混凝土结构设计规范》GB 50010 规定的最小配筋率的构件。被加固的混凝土结构构件，其现场实测混凝土强度等级不得低于C20，且混凝土表面的正拉粘结强度不得低于1.5MPa。该方法不减少建

筑净空，不影响建筑外立面，不影响上层楼盖结构或屋面的防水构造，无现场浇筑混凝土的湿作业，施工设备简单，可有效提高梁的抗弯刚度，而且粘钢加固后几乎不增加结构自重。但加固效果在很大程度上取决于胶粘工艺与操作水平。这是由于钢板刚度较大，施工时的误差等原因使得结构胶使用中容易在粘结面上发生剥离脱空，特别是钢板端部更易发生剥离破坏。另外，研究发现粘贴钢板结构在承受长期动载下的抗疲劳性能不是很理想。对高强度混凝土试件粘贴钢板加固时疲劳强度好一些。在疲劳荷载的作用下，粘贴钢板加固梁的端部锚固问题复杂，有待于进一步研究。

4）粘贴碳纤维复合材料加固法主要适用于对钢筋混凝土受弯、轴心受压、大偏心受压和受拉构件，但该方法不适用于素混凝土构件，包括纵向受力钢筋配筋率低于现行国家标准《混凝土结构设计规范》GB 50010 规定的最小配筋率的构件。见图 2-4-3 所示。

图 2-4-3　粘贴碳纤维复合材料加固的墙体

碳纤维增强复合材料（Carbon Fiber Reinforced Plastics，简称碳纤维）作为一种高科技材料，它最早应用于航空、军事等领域。自20世纪80年代后期，欧美日等国对碳纤维技术的应用进一步研究，并在加固工程中广泛采用。

a）由于碳纤维对混凝土的约束作用，构件受力性能明显得到改善。试验表明采用碳纤维加固，按通常的粘贴层数（如3层），梁的抗弯抗剪能力可提高50%以上，柱正截面承载力和延性性能可提高70%左右。

b）碳纤维布质轻且薄，密度一般为钢材的1/5，粘贴1层的厚度仅为1mm左右，加固修补后对原结构构件截面、荷载增加均不大，不影响原有建筑使用功能。

c）碳纤维布是一种柔性材料，而且可以任意裁剪，能够适应结构形状的变化，与结构紧密结合，在加固不规则构件和表面不平整的构件时，基本不改变原结构外观。

d）实验表明，碳纤维布化学结构稳定，具有良好的耐腐蚀性及耐久性。碳纤维布及结构胶与结构中经常遇到的酸、碱、盐等不反应，碳纤维布的这一特点大大减少了与防腐相关的问题，同时节省大笔的维修费用，并且实验表明碳纤维对结构有着良好的隔离氯离子的效果。

e）与粘贴钢板相比，碳纤维布加固的施工质量更容易保证。由于碳纤维布是柔性材料，即使被加固的结构表面不是很平整，也可以达到100%的有效粘贴率。

5）绕丝加固法主要是提高钢筋混凝土柱的延性。采用该方法时，原构件现场检测混凝土强度等级不应低于C15，但也不得高于C50。此外，若柱的截面为方形，其长边尺寸与短边尺寸之比应不大于1.5。

6）高强度钢丝网片—聚合物砂浆加固法主要适用于对钢筋混凝土受弯和大偏心受压构件。加固施工时，应采取措施卸除作用在结构上的活荷载。

7）外加预应力加固法主要适用于下列场合的梁、板、柱和桁架加固：

a）原构件截面偏小或需要增加其使用荷载。

b）原构件需要改善使用性能。

c）原构件处于高应力、应变状态，且难以直接卸除其结构荷载。

混凝土结构的加固工程验收应满足《混凝土结构加固设计规范》GB 50367 的相关要求，其中混凝土结构采用粘贴碳纤维复合材料加固时，还应符合《碳纤维片材加固混凝土结构技术规程》CECS 146:2003 的相关规定。

2. 砌体结构加固

常用的砌体结构加固方法主要增加双面板墙加固法（见图2-4-4）、单面板墙加固法（见图2-4-5）、喷射混凝土法（见图2-4-6）、增设扶壁柱加固法、外包钢加固法、预应力撑杆加固法、增改圈梁及构造柱加固法、增设梁垫加固法、局部拆砌加固法、裂缝修补加固法等。砌体结构加固工程验收应满足《砖混结构房屋加层技术规范》CECS 78:96 的相关要求。

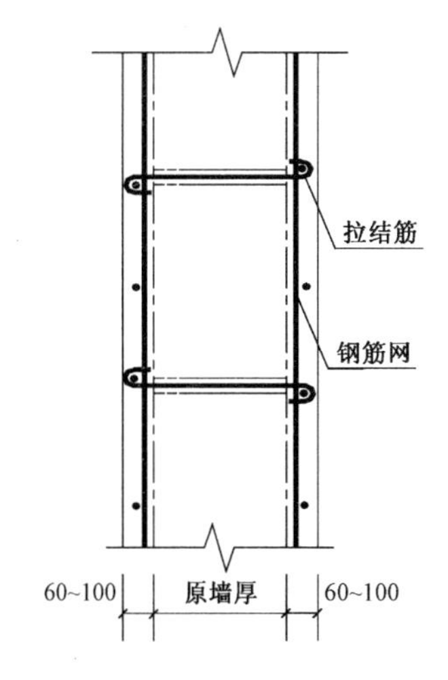

图2-4-4 双面板墙加固示意图

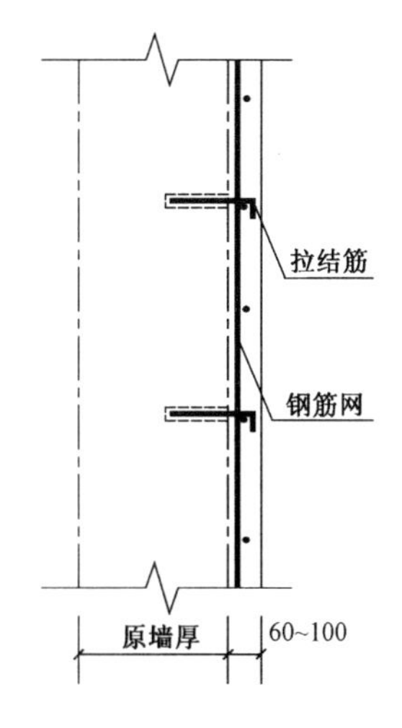

图2-4-5 单面板墙加固示意图

图 2-4-6　喷射混凝土施工

3. 抗震加固

抗震加固是为了使现有建筑达到规定的抗震设防要求而进行的设计及施工。由于历史原因，现有建筑相当一部分不能满足抗震要求。我国对现有建筑的抗震加固是非常重视的。据有关部门统计，自 1977 年到 1989 年年底全国共加固 32 亿多 m^2 的建筑，用于抗震的经费约 33 亿元左右。经过加固的工程，有的已经受了地震的考验，证明了抗震加固是确保人民生命安全积极而有效的措施。常用抗震加固方法有：

1）板墙加固法：在砌体墙表面浇注或喷射钢筋混凝土的加固方法。

2）外加柱加固法：在砌体墙交接处增设钢筋混凝土构造柱的加固方法。

3）壁柱加固法：在砌体墙垛（柱）侧面增设钢筋混凝土柱的加固方法。

4）混凝土套加固法：在原有的钢筋混凝土梁柱或砌体柱外包一定厚度的钢筋混凝土的加固方法。

5）砌体结构隔震托换技术的应用。

4.1.4　直接加层法的设计

1. 地基方面

直接加层，不仅要验算在加层荷载作用下地基的容许承载力大小，同时还要考虑地基的沉降变形。

1）地基承载力验算

在轴心荷载作用下时：$P=(F+G)/A$；

在偏心荷载作用下时：$P_{max}\leqslant 1.2f$

式中：

$$P_{max}=\frac{F+G}{A}+\frac{M}{W}$$

2）地基承载力的确定

（1）经验法。$f_k=(1+\mu)f_{0k}$

（2）应力比法。$f_k=\mu_1 f_{0k}$

（3）空间刚度系数法。通过空间刚度系数来提高承载力。

（4）小载荷板试验法。当建筑物基底地下水位较低时，可直接在既有建筑承重墙基础下开挖试验坑，利用建筑物的自重作反力，直接测定地基承载力标准值。试验压板面积宜采用 $0.25\sim0.5\text{m}^2$，基坑宽度不应小于压板宽度或压板直径的三倍。

（5）规范查表法。既有建筑加层前，在原建筑物基础下有效压密区 $0.5b\sim1.5b$（b 为基础底面宽度）深度范围内取原状土，取土数量及试验要求符合《建筑地基基础设计规范》GB 50007 的规定，确定地基承载力标准值。

3）地基变形的计算

既有建筑加层后的地基最终沉降量可按下式计算：

$$S=\Delta S'+S'$$

$$\Delta S'=\psi_s\sum\frac{P_{zi}(1-U)}{E_{si}}H_i$$

$$S'=\psi_s\sum\frac{\Delta \text{P}_{zi}}{E'_{si}}H'_i$$

当既有建筑地基土的固结度达到85%以上时，可认为原地基沉降已经稳定，最终沉降量按下式计算：

$$S = \psi_s \sum \frac{\Delta P_{zi}}{E'_{si}} H'_i$$

2. 基础方面

设计时，利用原地基压密后容许承载力提高值时，应对基础自身的承载力和刚度进行验算。若原基础为砖基础，砖的强度等级不应低于 MU7.5，砂浆不应低于 M2.5，宽高比不小于 1∶1.5。若为混凝土基础，除宽高比符合国家相关标准限值外，还应进行抗剪强度验算。若为钢筋混凝土条形基础，则应验算底板及基础梁的配筋，并进行抗冲切和抗剪强度验算。

3. 上部结构方面

1）调整结构受力体系及承重方式。当既有建筑为横墙承重时，加层部分可改做纵墙承重。当既有建筑为纵墙承重时，加层部分应增设横墙承重。

2）验算墙体承载力和稳定性。由于使用年限较长，砌体强度下降，对于建造年代在 30 年以上的既有建筑进行加层验算时，上部结构的砌体强度应降低 10% ~20%，作为加层建筑的安全储备。当砌体强度不足时，应对原建筑采取抗震加固措施。

3）减轻上部结构自重。应尽量减轻加层部分结构自重，对于承重墙可采用多孔空心砖，对于非承重墙可采用石膏板、加气混凝土砌块等轻质材料。

4. 加层建筑的构造措施

1）加层建筑应层层设置圈梁，以提高其整体性和空间刚度，使加层部分新增荷载均匀传到原建筑物上，防止加层后产生不均匀沉降。

2）提高砌体的砂浆标号，以保证砌体结构的牢固可靠，加层部分砌体砂浆标号应不低于 M5。砌体结构转角处应设拉结钢筋。

3）承重墙上的门窗洞口，应上下对齐，以利于结构受力明确和建筑立面的协调一致。

当在框架结构上直接加层时，梁柱截面是否增大，应由承载力计算和刚度要求来确定。同时，还要在新老柱子接头处和框架梁柱交接处增加附加纵筋和加密箍筋。在顶层框架梁中，梁的上部和下部至少应各有两根钢筋贯通。为了防止梁柱拉裂，钢筋搭接长度应满足国家相关标准要求。

4.2 外套框架加层法

当既有建筑增加的层数较多、荷载较大或加层部分需要较大开间，原建筑的墙体、柱和基础等不能满足承载力的要求时，通常采用外套框架加层法对原建筑进行加层。外套框架结构加层法，可以解决直接加层不能解决的问题。外套框架加层法即在原建筑物外增设外套结构，加层荷载通过在原建筑物外新增设的墙、柱等外套结构，传至新设置的基础和地基上。该方法适用于加层层数较多，原承重结构或地基基础难以承受过大的加层荷载的情况。对既有建筑进行加层改造往往受到客观条件的约束，当施工场地狭窄时，大型施工机械设备难以发挥作用，施工时还会对原有结构构件产生不良影响等。因此，对既有建筑进行加层改造，通常根据建筑结构的现有条件采用直接加层法、外套框架加层法、室内加层法等，在这些方法中，外套框架加层法是较为常用的方法。

4.2.1 外套框架加层体系

外套框架加层体系对增加层数的限制较少，只要原结构有相应的使用价值即可进行加层。加层时，在原建筑外围及上部另加外套框架梁柱，以承受新加层的荷载。基础形式可根据地质条件、荷载类型和大小确定。外套框架加层的新老结构通常采用以下方法处理：

1. 既有建筑为砌体结构，加层部分为外套混凝土框架或框架剪力墙结构，新老结构完全脱开。

2. 新老结构均为混凝土结构，新结构的竖向承重体系与原结构的竖向承重体系互相独立，新老结构共同抵抗水平抗侧力。

3. 新老结构均为混凝土结构，其构件相互连接，组成新的结构体系。

4.2.2 外套框架加层的分类

外套框架结构可分为两大类：第一类是分离式外套框架受力体系，第二类是协同式外套框架受力体系。

1. 分离式外套框架受力体系：原建筑结构与新增外套加层结构完全脱开，独立承担各自的竖向荷载和水平荷载，其水平净空距离满足抗震及加层施工的要求。这种加层方法计算简图清晰，外套框架独立承担加层部分的荷载，但当既有建筑物层数较多或抗震设防烈度高于7度时，由于新老建筑物没有垂直方向的联系，外套框架结构底层柱过长，导致外套框架结构上重下轻、上刚下柔，形成“高鸡腿”建筑，对抗震极为不利。因此，该方法在地震区不宜采用。

2. 协同式外套框架受力体系：原建筑结构与新增外套加层结构相互连接，共同承受加层部分的荷载，协同式外套框架受力体系又可分为铰接和刚接。

1）在协同式外套框架结构铰接中，新老结构通过设置滑动扣件、咬合键、锚杆箱体等铰接方式连接，使新老结构共同抵抗水平荷载，独立承受各自的竖向荷载。

2）在协同式外套框架结构刚接中，新老结构通过设置钢拉杆、钢筋混凝土嵌固键、砂浆锚杆或在既有建筑物横墙中设置拉接钢筋后浇筑于外套框架中等方法连接，使新老结构共同抵抗水平荷载和竖向荷载。由于刚接受力情况比较复杂，缺乏试验数据和震害资料的实证，目前还没有系统完整的理论分析，来验证新老结构的实际受力情况是否和计算模型相符。

通过上述两种方法优缺点的分析，并结合现代结构的控制技术，又提出了在新老结构之间采用耗能减震元件——隔震垫和防地震保护装置——阻尼器的协同减震结构。由于采用了耗能元件连接，可以通过控制其力学参数达到较好的减震效果。该连接属于柔性或半刚性，可减少框架柱的计算高度，同时在遭遇地震时具有减震耗能的特点。该方法存在问题是加层建筑在不同的地震波作用下，减震耗能效果有所不同，对既有建筑抗震是否有利，还要取决于新老结构各自的动力特性、质量比、刚度比等结构参数及控制参数。

4.2.3　外套框架结构加层应遵循的原则

外套框架结构体系应根据原有的结构特点、新增层数、抗震要求等因素进行综合确定，应遵循以下原则：

1. 当原结构为砌体结构，加层部分为外套钢筋混凝土框架或框架—剪力墙结构时，新老结构完全脱开。当新老结构均为钢筋混凝土结构时，外套结构柱与原结构通常采用水平铰接连杆的方法相连，使新老结构共同抵抗水平荷载，独立承受各自的竖向荷载，以减小柱的计算长度和柱的截面尺寸。

2. 宽度较大时，外套框架结构的横梁宜采用有黏结预应力混凝土梁，或在每层梁之间设空腹桁架或预应力空腹桁架。

3. 外套框架结构的纵向柱列，应在原建筑的每层或隔层楼板标高处设纵向梁，形成纵向框架体系。

4. 外套框架柱与基础应该采用刚性连接，并应采取有效措施限制基础的转动。

5. 当原结构层数大于 4 层，且底部外套柱的横向计算高度很大时，整个外套结构的横向刚度将会减弱。解决的办法除了加强外套柱的强度外，还常采取加固原结构的方法使原结构的横向刚度得以加强，然后通过在楼板处设水平连杆的方法与外套框架柱连接，共同承担横向水平荷载。

6. 当采用外套框架结构加层时，可根据土质、地下水位、新增结构类型及荷载的大小选用合理的基础形式。当地质勘察资料不足时，应重新作岩上各层勘察。位于岩层上的外套框架结构加层工程，其基础类型与埋深可与原基础不同，新老基础最好分开单设。

4.2.4 外套框架结构加层体系的应用现状

外套框架结构加层法应用范围比较广泛，如砖混结构、框架结构、底框结构等。我国既有建筑加层改造由过去的单个建筑加层发展到成片小区的加层工程，由一般的民用建筑发展到大型公共建筑、工业建筑、商业建筑、办公建筑的加层改造，由砖混结构的加层发展到多种结构形式的加层，由单层加层发展到多层加层，由室外加层发展到室内加层，由地上加层发展到地下加层。结构加层方法趋于多样化，各种新技术、新工艺、新材料逐步应用于建筑加层改造。

4.2.5 外套框架结构加层法设计

在抗震设防区，外套框架结构加层设计，要作抗震计算，要有可靠的构造措施，以保证建筑物的整体性，可在底层增加钢筋混凝土剪力墙或改底层纯框架结构为框剪结构，外套框架结构的第一层楼板必须现浇，基础宜采用桩基。

1. 设计要求

1）为了防止竖向刚度突变，形成薄弱底层，外套框架结构应有合理的刚度和承载力分布，抗震设防区不宜采用无筋混凝土剪力墙的外套结构体系。

2）对于外套框架结构加层后的建筑，属于高层建筑，加层后的总高度、总层数以及防火等应符合高层建筑相关国家标准的规定。

3）外套框架结构应与原结构完全脱开，其水平净空距离应满足抗震及加层施工的要求，与原结构屋盖间的竖向净空距离应满足外套结构沉降的要求。

4）外套框架结构的基础应与原结构基础分开，应优先选用在施工中无振动的桩基（如钻孔灌注桩、人工挖孔桩、静压预制钢筋混凝土桩等），桩的承载力宜通过试验确定。若外套框架结构的荷载较小，且为Ⅰ、Ⅱ类场地时，也可采用天然地基，但应采取措施，防止对原结构基础及相邻建筑产生不利影响。

5）外套框架结构的底层钢筋混凝土梁、板、柱、墙等的混凝土强度等级应不小于C25。

2. 外套框架结构加层常用结构体系

1）长腿柱外套框架结构

长腿柱外套框架结构是指外套框架结构与原结构完全脱开，底层柱很高，中间无水平支点，也称为分离式外套框架结构体系，有以下几种形式：

（1）内柱不落地外套框架结构。该形式将外套框架结构底层作为大跨度，而在其上部各层加内柱，其优点是可减少外套框架结构上部各层梁的跨度和高度，降低层高，其缺点是上部刚度大，底层与二层刚度容易发生应力突变。

（2）外套组合网架楼盖钢筋混凝土柱。该形式能充分发挥钢材和混凝土两种材料的各自优势，使承重结构与围护结构合二为一，具有跨度大、质量轻、综合经济指标好等特点。

（3）外套多层带斜杆空腹桁架。该形式能减少外套框架结构上部各层梁、柱的断面，同时节省工料费用，在不破坏原结构的情况下，可以很好地解决大进深结构加层的设计问题。

2）短腿柱外套框架结构

短腿柱外套框架结构就是外套框架结构与原结构连在一起，在外套框架结构每一层柱设置铰接支点，也称为协同式外套框架结构——铰接，这样可减少外套框架底层柱的计算长度。

4.3 隔震穿透加层法

隔震穿透加层法是外套框架结构体系和大跨梁结构系统的综合应用，是外套框架结构加层改造的拓展和升级。隔震穿透加层法主要有以下几种形式：

1. 外套大跨梁结构

该结构形式是在外套框架结构的基础上，每一层均设大跨梁，大跨梁横跨原结构，跨度较大，一般均超过10m。由于跨度大，所以必须采用先进的技术，如预应力技术、组合结构技术等，以加大梁的承载能力，减小梁的断面和变形。该技术目前比较成熟，实际工程中采用比较多。

2. 外套框架内柱不落地结构

该结构形式的外套框架柱落地，首层为大跨梁，以上各层根据工程实际设单排、双排或多排内柱，内柱不落地，全部落在首层大跨梁上。即内柱荷载通过大跨梁传至外套框架柱，通过外套框架柱再传至基础、地基。

3. 外套大跨度空腹桁架结构

该结构形式是横跨原结构的大跨梁采用空腹桁架。空腹桁架结构目前比较成熟，在工业建筑中应用比较广泛，该结构具有自重轻、承载能力高、节省材料等优点。

4.4 底层顶升加层法

底层顶升加层法，一般可向下加1～2层，为了避免土体位移及建筑物的下沉，在既有建筑施工前，预先进行底层柱的顶升支撑，以卸除上部荷载。底层顶升加层法可分以下几种形式：

1）地面加层法：将原建筑物通过底层顶升，直接在原建筑物底部（室内地面上）加层，然后将原建筑物落下与新建结构进行连接。

2）延伸式向下加层法：是将建筑物地下室通过底层顶升，直接在建筑物底下向下延伸。

3）向下扩展式加层法：可利用建筑物周边地下空间进行底层顶升加层法，这种加层方式可将建筑物加层后的地下室变得宽敞，能有效地利用地下空间资源。

4.5 室内加层法

建筑室内加层，俗称夹层，当既有建筑的室内净空较高时，可在室内加层。对保护性建筑外立面和围护结构需原样保护，内部可实施结构改造。新增结构的基础应考虑与原结构基础及室内管沟基础等的相互影响。室内加层法可分为分离式室内加层和整体式室内加层两种：

1. 分离式室内加层。可在室内另设独立框架承重加层体系或独立砌体承重加层体系。采用分离式室内加层时的新结构与原结构之间应留缝，缝内可用柔性材料填塞。由于分离式室内加层占用室内面积，使室内面积减小，一般很少采用这种方式。

2. 整体式室内加层。可新设结构加层体系，并与原结构连成整体，整体式室内加层一般不占用室内面积，通常被广泛采用。采用整体式室内加层时，应保证新老结构的连接可靠，并应符合下列规定：

1）单层室内增加或多层砌体建筑室内楼盖拆旧换新改造时，室内纵、横墙与原结构墙体连接处应增设构造柱并用锚栓与原墙体连接，新增楼板处应加设圈梁。

2）钢筋混凝土单层厂房或钢结构单层厂房室内加层时，新加结构梁与原结构柱的连接宜采用铰接。当新加结构柱与原厂房柱的刚度比不大于1/20时，可不考虑新加结构柱对原厂房柱的作用。

3）混凝土框架结构室内加层时，新增梁与原有边框架柱之间可采用刚接或半刚接，此时应对原框架边柱结构进行二次叠合受力分析，将原柱子内力与新增结构引起的内力叠加进行截面验算。

4.6 建筑加层改造对地基承载力的影响

地基承载力是加层设计中至关重要的问题，其承载力大小决定增加层数和上部结构方案的选择，一般认为原建筑的地基承载力在既有建筑荷载作用下，地基固结，产生压密效应而得到提高。所以认为建成8年以上的建筑地基承载力都有所提高。当建造时间不太长时，在实际工程中最好在基础下1000mm范围内取土样化验土的允许承载力和压缩模量。当建造时间比较长，而原始资料不全，难以确定原建筑的原始承载力时，也可以通过原位测试或取样化验，按与新建筑物相同的方法确定其承载力。

地基基础常用的加固处理方法有基础补强注浆加固法、加大基础底面积法、加深基础法、坑式托换法、锚杆静压桩法、树根桩法、坑式静压桩法、石灰桩法、砂石桩法、换填法、预压法、强夯法、振冲法、注浆加固法、高压喷射注浆法、土或灰土挤密桩法、深基坑复合土钉支护技术等，这里就不详细说明。地基基础的加固处理应符合《建筑地基处理技术规范》JGJ 79和《既有建筑地基基础加固技术规范》JGJ 123的相关规定。

4.7 建筑加层改造常见的问题及预防措施

4.7.1 加层设计中常见的问题

1）横墙间距过大。当原建筑为多层砌体结构，且未增加抗震横墙时，会造成横墙间距过大。当纵墙承重时，也会造成横墙间距过大。

2）加层后建筑的高宽比过大，特别是一些单外廊式办公、教学楼等，加层后高宽比增大，可能超过国家相关标准的规定。

3）增设的构造柱无可靠锚固。加层建筑构造柱仅与原建筑顶层圈梁相连，会造成加而不固。

4）加层结构传力不明确。

5）外套框架结构与原建筑之间处理不当。外套框架结构与原建筑之间的处理有两种方式，一种是有可靠的连接，使其成为整体；另一种是使它们完全脱开，留出抗震缝。如果加层工程的外套框架结构与原建筑似连非连；则在地震时由于两者自振频率相差较大而造成碰撞，导致原建筑损坏或倒塌。

6）加层设计时对地基承载力评价不确切。有些原建筑因场地排水不畅，土壤软化，承载力不仅没有提高反而降低，若错误地认为地基经过长期压密，按承载力提高处理，势必造成建筑开裂、甚至倒塌。

4.7.2 加层工程常见事故及原因

1. 常见事故类型

1）倒塌事故。建筑物发生整体倒塌或局部倒塌，造成重大人员伤亡和财产损失。

2）严重开裂事故。由于建筑加层改造会造成结构构件（如梁、柱、墙体等）的严重开裂。

3）加层施工超载。由于施工过程中超载引起楼板或大梁等挠度过大，在跨中部位开裂。

2. 造成事故的原因

1）盲目进行加层设计。一是无证设计，二是不懂加层技术的人员搞设计，三是加层设计时，对原建筑的设计、施工、使用情况及现状调查情况等缺乏全面了解。

2）只加层不加固。为了节省投资或为了不破坏原建筑的装修，或不影响原建筑的使用，对经鉴定后，需进行抗震加固的原建筑，未加固而直接加层。

3）选错加层结构方案。在地震区，采用对抗震不利的加层形式或采用受力不明确的结构体系。

4）加层施工超载。拆除的建筑垃圾堆放在屋顶上，造成施工超载。

5）施工质量存在问题。加层施工质量要求高、难度大，必须引起高度重视，否则极易发生质量事故。

4.7.3　加层工程事故的预防措施

1. 杜绝加层工程无证设计、无证施工。

2. 设计时遵循“安全可靠、经济合理、有利抗震、方便施工、切实可行”的设计原则，计算简图明确、构造措施可靠。

3. 加层设计时必须做到心中有数，对原建筑现状调查清楚，其中结构计算书必须认真校对、审核，严防错算和漏算。

4. 对于抗震区，加层改造工程应严格按照国家抗震标准设计，遵守加层施工程序，采用先加固后加层的原则。

5. 严禁施工超载。不得在原建筑屋顶集中堆料，不得将模板支柱直接支撑在原建筑梁板上。

6. 加层施工期间，当原建筑不停止使用时，要特别注意采取施工安全措施。如在原建筑出口搭设安全棚、安全走廊或对原建筑外墙门窗采取防护措施。

既有建筑加层改造除了采用上述几种方法外，还有很多其他的方法，如原结构为钢筋混凝土结构，加层部分采用钢结构或空腹桁架框架结构体系等新技术，本章就不一一列举。

第五章　既有建筑加层改造的抗震研究

传统的抗震方法以“抗”为主，即通过加大结构断面，增加配筋来抵抗地震，这样会带来三个方面的不足：

1）结构断面越大，刚度就越大，地震作用力也就越大，随之带来所需断面及配筋也就越大，这样会大大增加了抗震所需的工程费用。

2）以既定的“设防烈度”作为设计依据，由于地震发生的随机性，当发生突发性超烈度地震时，加层建筑物就有可能遭受严重破坏和倒塌。

3）允许加层建筑物在地震中出现一定程度的损坏，但它无法保证内部装饰与重要设备不受损害。

5.1　新老结构协同减震

新老结构间采用耗能减震元件连接，构成协同减震结构（见图2-5-1），该方案采用耗能减震元件连接，通过控制其力学参数而达到较好的减震效果。

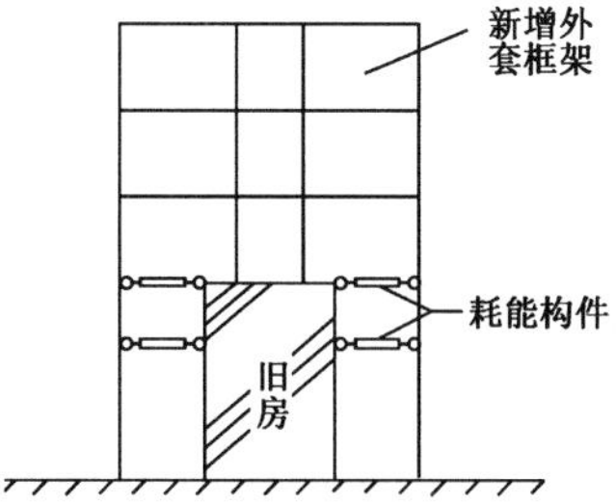

图2-5-1　协同减震构件

新老结构协同减震的特点：

1）提高了外套框架结构底层横向刚度及稳定性。

2）可以通过调整控制耗能元件的屈服刚度，使它先于主体结构进入非弹性状态，而产生较大阻尼，并吸收、消耗输入到结构中的地震能量，衰减结构的地震反应，从而达到提高主结构抗震能力，保护主体结构在强震中免遭破坏的目的。

3）可采用时程分析等动力分析法，计算协同减震结构的地震反应，从而确定耗能元件的力学参数及设置方式。

5.2 隔震垫在抗震加层改造中的应用

在既有建筑物和基础之间，设置一种特殊的装置，通过这种装置把既有建筑物和地面分开，隔离地震能量向建筑物传递，减轻地震灾害，这就是隔震技术。传统结构上部震动剧烈，地面加速度自100%放大到250%，破坏严重。通过隔震技术使建筑物缓慢接近刚体平动（长周期），加速度反应自100%可以减少到40%，上部结构保持弹性，室内设备、装修等完好。

1）结构特点：通过隔震垫削弱上部结构和基础的连接，见图2-5-2。

2）抗震思想：隔震层能提高建筑自身的抗震能力，隔离地震能量向建筑的输入。

3）技术措施：通过滤波强化建筑结构刚度和延性。

4）隔震垫安装位置主要有基底隔震(有地下室)，见图2-5-3。首层隔震（无地下室），见图2-5-4。层间隔震（竖向不规则），见图2-5-5。

图2-5-2 加层改造中隔震支座安装图

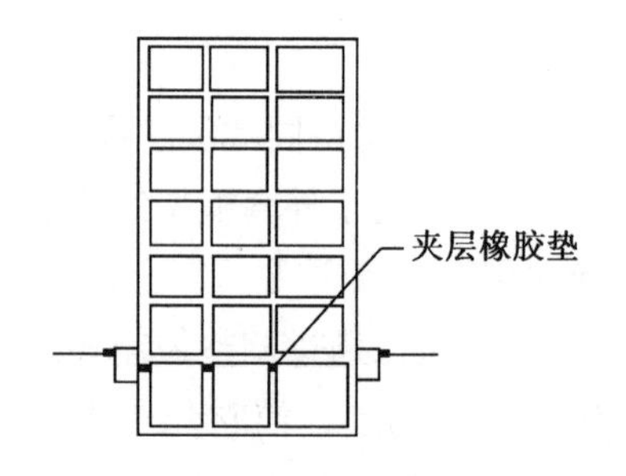

图2-5-3 基底隔震（有地下室）

5）隔震效果：采用隔震垫后的建筑和传统建筑相比，可降低水平地震作用2～6倍。大震时，建筑物不倒塌，甚至不破坏，室内设备、信息系统不损坏，基本不中断居民的正常生活。

但地陷、地隆起、竖向地震严重的情况除外。

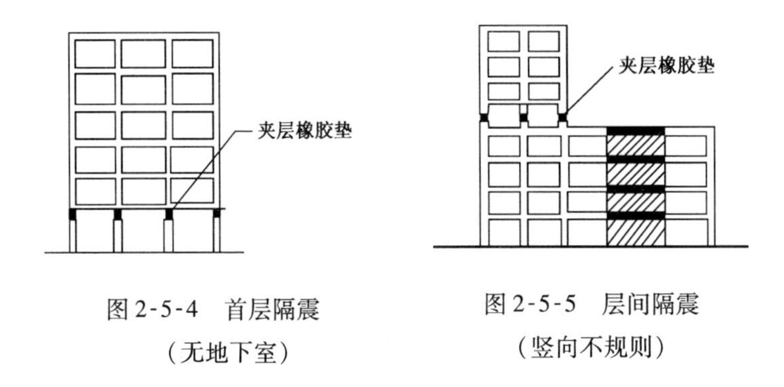

图 2-5-4 首层隔震（无地下室）

图 2-5-5 层间隔震（竖向不规则）

5.3 隔震托换技术的应用

由于我国既有建筑存在大量的砖混结构、多层框架结构，且这些建筑大部分不能满足抗震要求，在抗震加固设计时，大部分采用隔震支座的加固方法，但隔震支座的设置难度较大，阻碍了该技术的应用，经研究及工程实践，创造了一套安全、快速、经济的托换方法，解决了诸多关键技术，确保了隔震支座托换时的施工质量。

砖混结构和多层框架结构隔震支座托换应用技术，有效地解决了结构的地震反应，提高了结构的安全性，使结构的动力反应得到预期的合理控制。作为一项新技术已载入我国的抗震设计规范，标志该技术的成熟可靠。隔震支座通常只在新建建筑中使用，在既有建筑抗震加固中还没有大量应用，特别是既有建筑砖混结构的抗震加固中使用的更少。但我国有大量的既有砖混结构和多层框架结构不满足抗震安全标准，需要抗震加固。传统的加固方法存在施工复杂，周期长，破坏建筑装修和设备管线，不适用现实情况和环境要求。在既有建筑下部置入隔震支座能达到隔震、耗能、降低地震反应的效果，使结构达到抗震要求，满足了建筑结构的安全性、可靠性和先进性的要求。采用隔震支座托换技术将进一步提高建筑结构长远的社会效益、经济效益与环境效益。

5.4 屈曲约束支撑在抗震加层改造中的应用

屈曲约束支撑的中心是芯材，为避免芯材受压时整体屈曲，即在受拉和受压时都能达到屈服，芯材被置于一个钢管套内，然后在套管内灌注混凝土或砂浆。为减少或消除芯材受轴力时，由于泊松效应，芯材在受压情况下会膨胀。因此，在芯材和砂浆之间设有一层无黏结材料或非常狭小的空气层。屈曲约束支撑沿纵向主要由五个部分构成：约束屈服段、约束非屈服段、无约束非屈服段、无黏结可膨胀材料和屈曲约束机构，见图2-5-6。

图2-5-6 屈曲约束支撑在工程上的应用

屈曲约束支撑的优点：

1）小震时按普通钢支撑设计，框架结构很容易就能满足标准的变形要求。

2）屈曲约束支撑设计灵活，支撑的刚度和强度很容易调整。

3）由于可以受拉和受压屈服，屈曲约束支撑消除了传统中心支撑框架的支撑屈曲问题。因此，在强震时，有更强和更稳定的能量耗散能力。

4）支撑构件既可保护其他构件免遭破坏，并且大震后，可以方便地更换损坏的支撑，起到建筑物安全保险的作用。

5）屈曲约束支撑通过螺栓或铰接与结构相连，可以避免现场焊接及检测，安装方便且经济。

5.5 阻尼器在抗震加层改造中的应用

阻尼器减震控制体系是运用反共振原理，把具有一定质量和较大阻尼的隔震支座设计成动力吸震器。地震时，加层部分对下部结构产生作用，减震控制体系使结构在地震作用下的阻尼增大，耗能能力大大提高，地震反应减小，从而使结构的抗震能力得到提高。目前，效果较好的阻尼器是新型摩擦转动式阻尼器。

新型摩擦转动阻尼器由阻碍相对反向旋转的钢板组成。这些钢板被摩擦材料垫片分隔开，可以对钢板间的相对旋转提供摩擦力。当有外力激发框架结构时，结构梁、柱在该力作用下，将出现水平位移。此时，安装在结构中摩擦转动式阻尼器的中间板，将沿着这个位移以转铰为中心转动，而水平板（外侧板）由于受到支撑单元的拉力作用，将会向相反方向转动。阻尼器将会通过摩擦材料表面的摩擦提供阻尼，从而耗散能量，见图 2-5-7。

图 2-5-7　摩擦转动阻尼器在工程中的应用

对于其他阻尼器，本书就不一一列举了。

第六章　既有建筑加层改造后综合处理

为了使既有建筑加层改造后的新建建筑与原建建筑协调统一，必须对整个建筑（新加层部分、原建筑部分）进行综合改造，包括屋顶的处理、整个建筑的外立面、内装修、设备设施、水电气等都要做到协调统一。加层改造后新老建筑的处理方法多种多样，本章仅列出比较经济、适用的方法，供参考。

6.1　屋顶的处理

既有建筑加层改造后，屋顶的处理方法多种多样。针对节能改造，选用坡屋顶的比较多，尤其采用轻型钢结构技术。轻型钢结构骨架构成主要采用冷弯薄壁型钢、热轧或焊接 H 型钢、T 型钢、焊接或无缝钢管及其组合构件等，轻型板材（如石膏板、OSB 板及无机预涂装饰板等）作为维护结构。采用轻型钢结构骨架使室内使用空间增大，房间隔断更加灵活。轻型钢结构的使用，使室外装饰材料的类型和色彩有更多的选择余地，可以充分发挥建筑师的想象力，设计出美观、适用、健康环保的“绿色建筑”。由于轻型钢结构重量轻，抗震、抗风能力强，能实现工厂化预制与现场干作业等特点，所以在工程中被广泛采用。

6.2　墙体的处理

既有建筑加层改造后墙体的处理方法多种多样，下面仅列出针对节能效果比较明显的墙体做法，仅供参考。

6.2.1　新型外墙外保温装饰干挂技术

新型外墙外保温装饰干挂技术具有性能优异、装饰性好、寿命长、平整度高、不变形不开裂、施工方便的性能，很适合于既有建筑的外墙保温隔热的改造。不用改变建筑原有基面（不敲瓷砖），采用无机保温材料解决建筑的保温及防火问题。

采用轻质挂板，不显著增加建筑的承载量。采用开放式的安装技术，解决建筑长期装饰性及维修问题，装饰效果多样化、可选范围宽。

6.2.2 部分墙面垂直绿化系统

建筑外墙垂直绿化系统选用适宜各种攀爬植物对住宅、办公楼等建筑物外墙面进行垂直绿化，对外墙面、外饰面起到保护作用且调节本区域小气候的一种建筑外墙垂直绿化系统。该系统既保证了外墙的建筑功能和质量，又使攀爬植物适宜攀爬外墙面，使建筑物外墙的垂直绿化得以大范围推广，使建筑物的节能降耗环保得以实现。

6.2.3 内墙采用灵活适用的轻质可移动隔断系统

采用自重轻、保温隔热好、隔声效果明显、能进行快速干作业的轻质材料，同时可减少结构投资，降低工程造价，抗震性能优越，便于设计方案的优化与重组，安装与调整方便、易搬运。

6.3 外窗的处理

外窗是薄壁的轻质构体，是节能的薄弱环节。普通单层玻璃窗的能量损失约为建筑物冬季保温或夏季降温能耗的50%以上，选用绝热性能较好的中空玻璃可以节约热能和电能。LOW-E玻璃是一种光学和热学性能优越的中空低辐射镀膜玻璃，它采用磁控溅射方法在优质的浮法玻璃上镀上节能膜，该膜不仅具有一般国际上的低辐射膜高投射比、低辐射率的优点，更具有良好的空气中稳定性和耐高温性，从而使玻璃具有极好的隔热、隔声、无霜露三重性能，比普通单片玻璃节能75%左右。

6.4 液压节能电梯

近年来，随着城市人口老龄化进程的加快，社会各界对多层住宅加装电梯的呼声逐年增加。北京、广东、福建等省市在多层住宅增设电梯方面作了不少探索，上海在闸北、普陀、长宁等区一些社区内也进行了多层住宅加装电梯的探索。

上海市住房保障和房屋管理局、规划和国土资源管理局、城乡建设和交通委员会、质量技术监督局、财政局下发的《既有多层住宅增设电梯的指导意见》明确指出：既有多层住宅增设电梯，增设电梯需要经所在幢房屋的全体业主同意，其产权属于该幢房屋全体业主共同所有。同时，既有多层住宅增设电梯，应当遵循“业主自愿、政府扶持，因地制宜、兼顾各方，依法合规、保障安全”的原则。如要增设电梯，应当满足以下条件，经增设电梯所在幢房屋的全体业主同意；涉及占用小区土地或专有部位的，应当征得相关权利业主三分之二以上同意等。

景观电梯是可观光的一个新梯种，是结合人们的进一步需求而生产的。乘坐人员可在上楼、下楼的过程中观看建筑外面的景色，享受现代设备带来的舒适感觉。景观电梯观光面宽敞明亮，造型别致，拓展了电梯的视觉空间，使狭窄的电梯空间得到了延伸。景观电梯采用新型全计算机、模块化变频调速控制技术，融合了数据网络化系统和模块化结构，并利用了最有效的自检程序，使电梯运行平稳、平层准确、灵活高效，为既有建筑的加层改造增添了一道靓丽的风景。

6.5 立体停车库

既有建筑加层改造后，随之而来的就是人员和车辆的增多，所以停车难将是加层改造后带来的一个非常大的问题。传统的单层平面停车场占用大量宝贵的土地资源，越来越难以满足需求。立体停车库是一种多平面的空间立体车库，它以单层平面停车库为核心，通过微机对车库进行统一的管理、监控，并用PLC控制系统来进行车位的空间位置变动，使车位实现由空间到平面的转化，从而实现多层平面停车的功能。它具有占地少、停车多、投资少、停车方式先进等优点。智能立体车库由机械传动系统、电气控制系统、监测系统、收费系统及其相应的设备等组成。

6.6 智能建筑集成管理系统

智能建筑的集成管理系统将建筑物内若干个既相互独立，又相互关联的系统，包括通信网络系统 CNS、信息系统 IS、楼宇设备自动化系统 BAS、火灾自动报警系统 FAS、安全防范系统 SAS 等，通过集成到一个统一协调运行的系统中，实现建筑设备的自动检测与优化控制，降低系统运行费用，为使用者提供安全、舒适、高效的工作环境。智能建筑集成系统集成范围，包括楼宇自控系统、闭路监控系统、防盗报警系统、电子信息发布系统、门禁管理系统等。

6.7 其他改造项目

其他改造项目有：通风改造（对住宅厨房、卫生间内的排气系统进行改造，主要包括排气道、止回阀门、风帽等改造）、LED 节能系统的应用、地面铺设、内墙涂料的粉刷、门窗更换、部分房间吊顶、安装窗台面、包装暖气片、厨房卫生间改造、强弱电改造、太阳能应用、分户采暖应用、环保材料的应用等。

第三篇　既有建筑加层改造工程应用技术指南

根据中华人民共和国住房和城乡建设部下达的建科［2011］第59号文《住房和城乡建设部2011年科学技术项目计划——研究开发项目（新型建筑结构技术)》子项目“我国既有建筑加层加固技术与政策体系研究”，项目编号为2011-k2-28的要求编制本技术指南。

近年来，我国既有建筑加层加固的设计、施工、验收等技术日趋成熟，但至今尚无专门的工程技术标准，基于现有的工程实践，经验总结，以及对国外有关资料的研究分析，并在广泛征求意见的基础上，编制本技术指南。本指南的主要内容包括总则、术语、检测、鉴定与评估、既有建筑加层的建筑设计、结构设计、地基基础设计、结构改造和既有建筑加层的建筑设备、施工、验收和条文说明等。

第一章　正　　文

1　总则

1.0.1　为使既有建筑加层加固改造工程做到与原建筑协调统一、整体稳定、安全可靠、经济合理，确保工程质量，制定本指南。

1.0.2　本指南适用于既有建筑物加层加固改造的民用建筑、公共建筑（办公楼、学校、宾馆、医院等）等工程的检测、鉴定与评估、设计、施工及验收，其他相关工程可参考使用。

1.0.3　既有建筑物加层加固改造工程应符合地区规划，并应考虑低碳环保、就地取材、节约资源等。

1.0.4　既有建筑加层工程应由专门机构设计、审批和施工。

1.0.5　既有建筑物加层加固改造工程的建筑设计、结构设计及加层后整体结构的安全性除应符合本指南外，尚应符合国家和地区现行有关标准。地震区的既有建筑加层改造工程，应符合现行国家标准《建筑抗震设计规范》GB 50011—2010 的相关规定。

2　术语

2.0.1　既有建筑

已竣工交付使用的建筑。

2.0.2　既有建筑加层

在既有建筑上加层改造。主要形式有直接加层、外套加层、室内加层等。

2.0.3　直接加层

充分利用原建筑结构及地基的承载潜力，加层后新增荷载全部通过原结构传至原基础和地基的加层。其结构形式有不改变承重体系和改变承重体系两种。

2.0.4　改变承重体系加层

加层时充分利用原结构的潜力，由原横墙承重改为纵墙承重，或由原纵墙承重改为横墙承重。也可新增设纵墙或横墙，形成横、纵墙共同承重的形式的加层。

2.0.5　外套结构加层

在原结构外增设与其完全脱开的外套结构，并将加层荷载全部经其传至新增设的基础与地基的加层。

2.0.6　分离式外套结构体系

原建筑结构与新外套加层结构完全脱开，独立承担各自的竖向荷载和水平荷载的结构体系。

2.0.7　协同式外套受力体系

原建筑结构与新外套加层结构相互连接，共同承受加层部分竖向荷载和水平荷载的受力体系。

2.0.8　室内加层

利用原有建筑室内空间的加层。加层后新增荷载可通过原结构传至原基础，也可增加新结构传至新设基础。

2.0.9　砖混结构加层基础隔震托换

在既有建筑物下部置入隔震装置。以达到隔震、耗散、吸收输入上部结构的地震能量，降低地震反应的效果，从而确保建筑物的安全。

2.0.10　框架结构加层基础隔震托换

在多层框架结构的基础与底梁之间，预先制作上牛腿、下牛腿、安装隔震支座，待混凝土强度达到设计值后，切断隔震支座之间的钢筋混凝土柱，使框架柱荷载安全转移到隔震支座上，再传给基础的隔震装置，这种隔震装置可达到既有框架建筑减震的目的。

3　检测、鉴定与评估

3.1　一般规定

3.1.1　检测、鉴定与评估前应先现场调查，收集工程地质和水文地质勘察报告、工程施工技术档案、竣工图、使用情况与环境条件等相关资料。

3.1.2　既有建筑物加层加固改造前，应先对原建筑物作现状调查和可靠性鉴定并评估，位于地震区的建筑，尚应作抗震能力的鉴定。可靠性及抗震鉴定内容应满足设计要求。

3.1.3　既有建筑加层检测鉴定后，应写出评估报告，经项目审批单位批准后，方可列入加层工程计划中。

3.1.4　既有建筑加层的检测、鉴定与评估，应由具有检测、鉴定与评估资格的单位或技术咨询部门进行。

3.1.5 既有建筑加层后应符合国家现行有关标准的规定。建筑立面设计应与原建筑及周围环境相互协调。

3.1.6 既有建筑加层设计时，应考虑加层施工和加层后对相邻建筑物的不利影响。

3.1.7 检测、鉴定与评估流程应符合图3-1-7的规定。

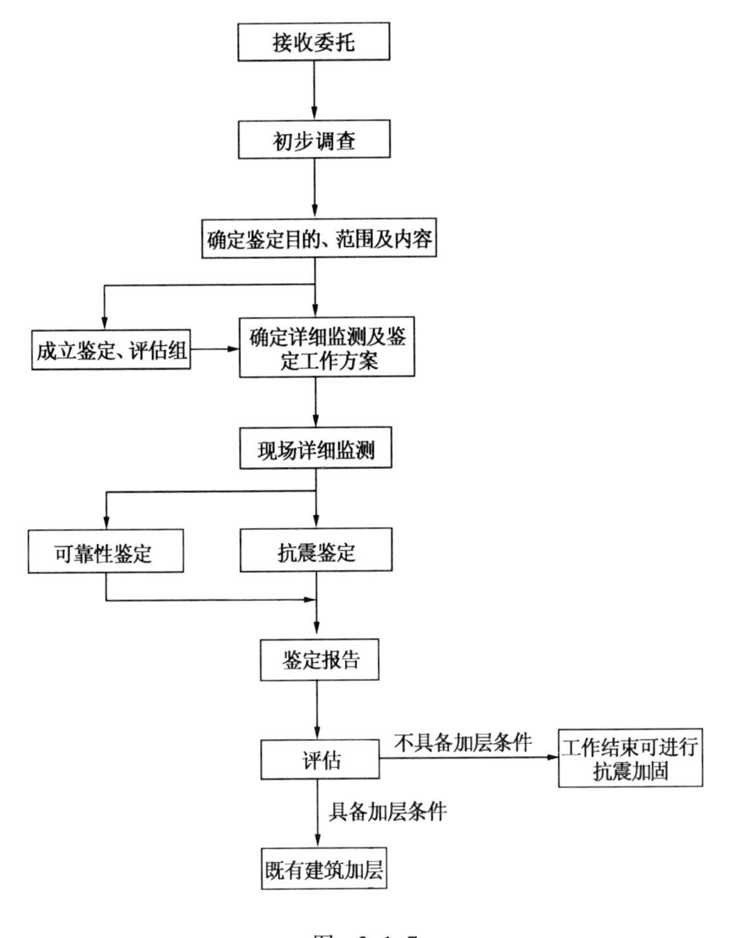

图 3-1-7

3.2 调查

3.2.1 进行现场初步调查应满足下列要求。

1. 收集原建筑的图纸资料和使用维修资料；

2. 勘察建筑现状与图纸资料的符合性；

3. 调查建筑的实际使用情况、周边邻近建筑及地下工程影响程度和施工条件；

4. 填写建筑结构安全鉴定调查表。

3.2.2 现场详细调查应满足下列要求。

1. 既有建筑的水平变形、竖向变形、侧向位移和局部变形等情况；

2. 上部结构调查：调查结构的类型、承重体系、构件位置及其连接构造、构件细部尺寸、构件变形和裂缝状况，以及结构的受力状况等；

3. 基础调查：根据上部结构的不均匀沉降裂缝分析判断基础的变形情况，必要时宜开挖检查基础的裂缝、腐蚀和损坏情况等；

4. 地基和周边邻近地下工程施工调查：调查现场地基土的类别、地基土分布状况，以及周边坑、槽、沟渠等环境改变对地基稳定性和地基变形的影响，必要时宜开挖检查。

3.3 检测

3.3.1 当原建筑物的工程图纸不全时，应对原建筑物的结构布置、构件截面尺寸等测绘，并绘制工程现状图。对既有建筑物加层加固改造工程相应的检测项目应符合附录A的规定。

3.3.2 对原结构构件应按材料强度、钢筋布置及直径、构造的连接、变形裂缝、锈蚀和荷载情况等全面的检测。

3.3.3 现场检查检测应包括现场检查和现场检测两项内容：

1. 现场检查：以目测和尺量为主，主要检查结构的构造连接，外立面的损坏程度。

2. 现场检测：使用各种检测工具和仪器检测结构整体承载力、单个构件的变形情况、主要承重构件的使用情况、承重结构的材料力学以及物理性能指标等项目。

3.3.4 现场检测的数量应符合下列规定。

1. 地基：管道及地沟入口处必须检测，重要建筑底层建筑面积每 100m^2 检测一处，当每栋不足 400m^2 时，每栋不应少于四处。一般建筑每 150m^2 检测一处，当每栋不足 450m^2 时，每栋建筑不应少于三处。

2. 基础：同地基检测。

3. 承重墙、柱、梁、板：应分层分构件检测，重要建筑每 100m^2 检测一处，一般建筑每 150m^2 检测一处，当每层不足 400m^2 或 400m^2 时，每层不应少于三处。

当检测结果相互差异较大时，应适当增加检测数量。

3.3.5 当地基或基础检测时，可通过开挖验证基础类型、埋置深度及地基土性状等检查基础开裂或损伤程度。实测地基土性状等。

3.4 鉴定

3.4.1 既有建筑鉴定前应先确认建筑抗震分类、后续使用年限及结构的抗震要求。

3.4.2 既有建筑加层的鉴定方法，可分为两级。第一级鉴定应以宏观控制和构造鉴定为主进行综合评价，第二级鉴定应以抗震验算为主结合构造影响进行综合评价。

3.4.3 当结构竖向构件上下不连续或刚度沿高度分布突变时，应找出薄弱部位并按相应要求鉴定。

3.4.4 既有建筑抗震鉴定和可靠性鉴定应满足下列要求。

1. 搜集既有建筑的勘察报告、施工图纸、竣工图纸和工程验收文件等原始资料。

2. 结构应根据现状检测结果，综合考虑地基及结构体系、整体性、构件承载能力、构造措施和建筑现状的缺陷等，对结构安全性、使用状况、抗震能力、耐久性等按现行有关标准鉴定。

3. 对既有建筑整体抗震性能作出评估，对不符合抗震鉴定要求的建筑应提出相应的抗震减灾对策和处理意见。

4. 对重点部位与一般部位，应按不同的要求检测和鉴定。

5. 建筑结构及主要节点构造应符合当地抗震设防烈度要求的鉴定标准。

6. 对抗震性能有整体影响和局部影响的构件，在综合抗震分析时应分别对待。

3.4.5 既有建筑地基基础的鉴定应包括地基、桩基和斜坡二个检查项目以及基础和桩两种主要构件。

3.4.6 既有建筑结构承载力的分析应包括结构计算、验算、模拟等内容。验算应符合下列规定：

1. 结构承载能力和变形特征应根据原地质勘察资料，结合工程现状实测资料确定。

2. 计算模型应符合既有建筑结构受力与构造的实际情况。

3. 核实加层部分作用在结构上的荷载、抗震设防的要求，所采用的荷载效应组合与荷载分项系数取值应符合国家现行有关标准的规定。

4. 结构或构件的材料强度、几何参数可采用原设计值。当检测结果不符合原设计规定时，应按实际结果取值。

3.4.7 既有建筑基础的鉴定应符合下列规定：

1. 对浅埋基础（或短桩），可通过开挖检测和鉴定。

2. 对深基础（或长桩），可采取如下措施：

1）根据原设计、施工、检测和工程验收的有效文件分析；

2）可向原设计、施工、检测人员核实；

3）通过小范围的局部开挖，取得其材料性能、几何参数和外观质量的检测数据。当检测中发现基础（或桩）有裂缝、局部损坏或腐蚀现象，应查明原因和程度，并对基础或桩身的承载能力进行验算和分析，结合工程经验作出综合评价；

3. 当现场条件允许，可通过低应变检测对桩身完整性及桩长评价。

3.4.8 鉴定结论经评审、验证和确认后，由项目负责人或专业负责人组织审核，当涉及多个专业时应同步审核。应根据建筑物的现状给出鉴定结论，并应提出加层改造工程中是否需要结构补强加固的建议。

3.5 评估

3.5.1 既有建筑的检测、鉴定完成后，应在技术可靠、经济合理和社会效益等方面综合评估，确定原建筑物加层的可行性。

3.5.2 既有建筑加层改造的可行性应根据结构构件、楼层结构、分部结构和整体结构进行安全、综合评估。

3.5.3 当评估加层工程的效益时，应综合考虑加层后的建筑与周围环境协调、原有设施配套、节约建筑用地及使用寿命等因素。

3.5.4 加层改造前的既有建筑主体结构应无明显的变形、裂缝，主要构件应满足国家相关鉴定标准的要求。直接加层时墙、柱、梁应具有承受新增楼层荷载的能力，否则应先加固后加层。

3.5.5 加层前的既有建筑刚度应满足或经加固后能满足当地抗震要求，原建筑的使用寿命应与新增楼层的使用寿命一致。

3.5.6 经评估确定既有建筑具有加层条件后，应编写《既有建筑加层加固鉴定评估报告》，鉴定评估报告中应给出加层结构的类型、加层的限制层数及高度控制范围等内容。

4 既有建筑加层的建筑设计

4.0.1 既有建筑加层的建筑设计应符合城市规划和国家相关标准高层建筑的规定。加层后的总高度、层数和建筑物最大高宽比应符合国家现行标准的有关规定。

4.0.2 既有建筑加层的建筑设计，宜采取加层和改造相结合的方式。可适当改善原建筑物的使用条件，满足加层改造和抗震的要求。

4.0.3 既有建筑加层的方案和规模，应根据建筑的功能要求、原建筑的潜力，以及检测、鉴定与评估结果和规划要求等因素综合确定。

4.0.4 既有建筑加层的平面设计，在满足使用要求和建筑功能的前提下，应保证结构的合理性。

4.0.5 既有建筑加层的平面设计，应使卫生间、厨房、盥洗室等房间上下对应，当增设管道层时平面可作相应调整。

4.0.6 既有建筑加层可根据使用要求对原建筑改造，适当调整平面，重新组织交通，合理分隔室内。

4.0.7 既有建筑加层的立面设计，宜保留和发扬具有地方特色的建筑风格，加层建筑的新旧结合部分应协调，避免出现加层的痕迹。

5 既有建筑加层的结构设计

5.1 一般规定

5.1.1 建筑物加层的结构设计应符合国家现行有关标准的规定。

5.1.2 既有建筑物的加层应以鉴定、评估结果作为其加层结构设计的依据。

5.1.3 建筑物的加层应采用合理的结构体系，力求计算简图符合实际，传力路线明确，构造措施安全可靠。

5.1.4 加层结构应具有合理的刚度分布和承载力，应避免因刚度突变形成薄弱部位，对可能出现的薄弱部位应采取措施，提高其承载力及刚度。

5.1.5 建筑物加层应减少对原承重结构产生不利影响，设计时应按国家现行有关标准作结构及构件计算。

5.1.6 既有建筑加层宜减少对原承重结构产生不利的附加应力及变形。

5.1.7 加层设计时，应根据地基条件及原建筑的重要性，提出沉降观测的具体要求。

5.1.8 当加层结构构件的尺寸、截面形式等不利于抗震时，宜通过增加构造措施或配筋等满足抗震要求。

5.1.9 加层结构构件的连接构造应满足结构整体性的要求。

5.1.10 既有建筑加层部分非结构构件与主体结构应有可靠的连接。

5.1.11 建筑物的加层改造应采用轻质高强材料。

5.2 直接加层

5.2.1 直接加层适用于原承重结构及地基基础的承载力、变形能力满足建筑加层后的要求或经加固处理后即可直接加层的建筑。

5.2.2 既有建筑加层设计首先应对不符合抗震要求的原结构作抗震加固，并应对加层部分作抗震设计，和对加层后的整体结构作抗震验算。

5.2.3 对于直接加层的工程，原结构楼盖体系与加层结构之间应有可靠的连接方法和构造措施，如增加圈梁、叠合层、构造柱等。

5.2.4 直接加层结构新增圈梁应符合下列要求：

1. 在原结构的屋盖处、加层部分的每层楼盖、内纵墙及主要横墙上均应设置钢筋混凝土圈梁；

2. 楼盖新增加的圈梁宜在同一平面内闭合，在阳台、楼梯开洞处等圈梁标高变换处，应有局部加强措施，变形缝两侧的圈梁应分别闭合；

3. 新增圈梁的混凝土强度等级不应低于C20，钢筋宜采用

HRB400 级和 HRB335 级，也可采用 HPB235 级和 RRB400 级。圈梁截面高度不应小于 180mm，宽度不应小于 120mm；

4. 圈梁的纵向钢筋，抗震设防烈度为 7、8 度时，可采用 4ϕ12 的钢筋，箍筋可采用 ϕ6，其间距宜为 200mm；

5. 新增圈梁应与下部结构和构造柱可靠连接，柱接柱宜采用化学植筋方法连接钢筋并错开接头，设置叠合层的圈梁、构造柱、叠合层应形成统一的整体。

5.2.5 砌体结构直接加层应符合下列规定。

1. 对抗震设防地区的砌体结构直接加层，当抗震墙不满足要求时，应增设抗震墙或对原墙进行加固。

2. 砌体结构直接加层应符合加层后的结构层数、总高度和建筑最大高宽比应不超过抗震设计规范的限值要求，超限建筑应作改变结构体系加固。

3. 当原建筑物的楼梯间位于建筑物的端部或拐角处时，对墙体应采用钢筋混凝土板墙或构造柱予以加强。

4. 当砌体结构的圈梁设置不符合标准要求时，应增设外加圈梁、钢拉杆或采用其他有效加固措施。

5. 当砌体结构构造柱的设置不符合标准要求时，应外加构造柱或采用其他有效加固措施。

6. 当砌体结构的局部尺寸需要调整时，可采取全部或局部堵实墙体洞口并与旧墙体可靠拉结、采用钢筋混凝土板墙、加设混凝土框套或采用其他有效加固措施。

5.2.6 多层内框架结构的直接加层，可根据需要在外墙设置混凝土外加柱，外加柱与原框架梁的连接构造可采用铰接或刚接。

5.2.7 混凝土框架结构的直接加层宜采用框架或框架-剪力墙结构或增设屈曲约束支撑加固。当需增设新的抗震墙时，应将抗震墙伸至基础，并对基础进行加固。同时与原框架的梁、柱或抗震墙有可靠连接。

5.2.8 既有建筑加层部分在向上接楼梯时，原结构顶层的楼梯梁配筋应重新核算。

5.2.9 直接加层工程的地基、基础应具有或加固处理后能承受新增楼层荷载的能力。

5.2.10 既有建筑加层工程中，外加圈梁及钢拉杆的设置应符合下列规定：

1. 外加圈梁顶面应在同一高程处闭合，在非地震区及抗震设防六、七度区其截面不宜小于180mm×180mm，8度区其截面不宜小于240mm×240mm。

2. 外加圈梁连接宜采用压浆锚筋，锚筋直径不应小于ϕ12，间距不应大于1.0m，并与原墙体应有可靠连接。

3. 钢拉杆在增设圈梁内锚固时，可采用弯钩（弯钩的长度不得小于拉杆直径的35倍）或加焊80mm×80mm×8mm的垫板埋入圈梁内。

4. 内外纵、横墙宜采用钢拉杆加固，内墙钢拉杆宜采用双拉杆，钢拉杆不应小于ϕ16。在拉杆中宜设花篮螺栓或其他拉紧装置，花篮螺栓的弯钩应焊成封闭环，钢拉杆应平直并拉紧。

5.2.11 既有建筑加层工程中，外加构造柱应符合下列规定：

1. 当原结构设有构造柱时，加层部分的构造柱钢筋与原结构构造柱钢筋应焊接连接，当原结构未设构造柱时，应按国家现行有关标准的规定增设钢筋混凝土构造柱，或采用夹板墙加固；

2. 外加构造柱与横墙用压浆锚杆拉接，拉结间距不得小于1.0m，无横墙处的外加构造柱应与楼（屋）盖进深梁或现浇楼（屋）盖可靠拉接；

3. 构造柱在室外地坪下应设置基础，埋置深度自室外地面下不应小于500mm，且不小于冻结深度。柱基础应在外墙基础及室内地坪处用压浆锚杆与外墙基础拉接；

4. 抗震加固的构造柱应上下贯通，且应落到基础圈梁上或伸入地面下500mm，构造柱与圈梁应可靠连接。

5.2.12 直接加层的原建筑地基，应验算在加层荷载作用下地基的容许承载力，并应考虑地基的沉降变形。

5.2.13 直接加层的基础设计，当地基种类及承载力符合要求时，可充分利用原地基压密后容许承载力提高值，但应对基础自身的承载力和刚度验算。

5.3 外套加层

5.3.1 外套加层建筑物的总层数和最大高度应根据地震设防烈度、场地类别、原建筑的使用要求及经济效益等综合确定。

5.3.2 外套结构应有合理的刚度和承载力分布，应防止竖向刚度突变，形成薄弱底层。抗震设防区不宜采用无钢筋混凝土剪力墙的外套结构体系。

5.3.3 外套框架结构宜采用协同式外套受力体系。

5.3.4 外套框架协同式受力体系与原建筑结构宜采用铰接，其连接方式有：

1. 滑动限位卡件铰接外套框架柱。
2. 垫块铰接外套框架柱。
3. 锚固箱体铰接外套框架柱。
4. 外套加层框架首层梁柱与原结构顶层节点连接。

5.3.5 新、旧结构竖向承重体系相互独立的结构，可采用加固已有抗侧力构件或增加抗侧力构件等方法，使外套框架柱与原结构楼盖处用水平铰接连杆的方法相连。

5.3.6 既有建筑外套结构加层时，新增建筑结构与原建筑间距应满足抗震设计要求，其建筑间距应不小于100mm。

5.3.7 外套框架结构与原砖混结构的连接，对其在弹性阶段和弹塑性阶段的受力和变形，当在无充分试验研究的可靠结论时，应不考虑相互间的影响，宜与原砖混结构脱开，并按各自的结构分别进行承载力和变形的设计。

5.3.8　位于地震区、总层数为7层或7层以下的外套结构，其地震作用可采用振型分解反应谱法或底部剪力法。当总层数为8层或8层以上的外套结构时，其地震作用应采用振型分解反应谱法或时程分析法补充计算。

5.3.9　外套框架柱计算长度按下式计算：

$$L_0 = H[1 + 0.2 \times 1/(\alpha_{\mu} + \alpha_{L})]$$

式中　α_{μ}、α_{L}——分别为所考虑的柱段上节点处和下节点处的梁柱线性刚度比

H——楼层层高。

5.3.10　节点处梁柱线性刚度比 α 可按下式计算：

$$\alpha = \Sigma(E_{vb}J_{b}/_{L})/\sum(E_{w}J_{v}/H)$$

式中　E_{vb}、E_{w}——分别为梁、柱混凝土的弹性模量

J_{b}、J_{v}——分别为梁、柱毛截面的惯性矩（可不考虑钢筋的影响）

L——梁的跨度

H——楼层层高。对底层柱，H 取基础顶面到一层楼盖顶面之间的距离。对其余各层柱，H 取上、下两层楼盖顶面之间的距离

5.3.11　当设计外套框架结构有跨越原结构的大梁时，应作结构验算。原建筑的外墙不宜作为模板的支承点，宜利用框架柱设临时钢牛腿作为梁端支点。当内墙支承施工荷载承载力不足时，可对局部门窗作临时封闭或设置可靠的支撑。

5.3.12　外套框架柱与原结构外墙的距离，应根据原结构的基础宽度、基础施工机具的最小作业宽度、承台的最小宽度、新外墙与原外墙之间可利用的宽度等因素综合确定。

5.3.13　外套结构设计时，应验算跨越既有建筑的大梁和柱基础对原建筑物结构及地基的影响。

5.3.14　外套结构梁与柱或剪力墙与柱的中线宜重合，当不能重合时，梁或墙与柱中线偏心距不应大于柱截面在该方向上边长的1/4。

5.3.15　外套结构底层框架梁的抗震构造设计应符合下列要求：

1. 梁截面的宽度不宜小于300mm，且不宜小于柱宽的1/2，其高宽比不宜大于4；

2. 梁净宽与截面高度之比不宜小于4；

3. 梁顶面和底面的通长钢筋不得少于2根，直径宜为20mm，且不应小于梁端顶面和底面纵向钢筋中较大截面面积的1/4；

4. 梁端截面的底面和顶面配筋量的比值，除按计算确定外，不应小于0.25%。

5.3.16　外套框架结构中的框架梁、柱、剪力墙及加层结构底层楼板均应采用现浇钢筋混凝土结构。

5.3.17　对外套框架结构基础形式和持力层的选择，应防止对原结构基础产生不利影响，宜选择基岩或低压缩性土层做持力层。

5.3.18　外套框架结构底层钢筋混凝土梁、板、柱、墙的混凝土强度等级不应小于C25。

5.4　室内加层

5.4.1　当原建筑物的室内净空高度允许时，可在室内加层。对保护性建筑物内部可实施结构改造，外立面和围护结构应原样保护。室内加层可分为整体式加层和分离式加层两种。

5.4.2　整体式加层应符合下列规定：

1. 室内加层的新、旧墙体之间的连接，宜采用在原外墙上打孔埋钢筋，通过新旧墙体之间的后加构造柱，与新加墙体连接成整体，应保证新旧结构的连接可靠。

2. 新加楼板与外墙之间，宜采用在原外墙上打孔埋钢筋的方法使两者连接成整体。

3. 单层室内加层或砌体结构室内楼盖进行拆旧换新改造时，室内纵、横墙与原结构墙体连接处应增设构造柱并用锚栓与原墙体连接，新增楼板处应加设圈梁。

4. 混凝土单层厂房或钢结构单层厂房室内加层时，新增梁与原结构边柱宜采用铰接连接。

5. 混凝土框架结构室内加层时，新增梁与原有边框架柱之间可采用刚接或半刚接，并应对原框架边柱结构作二次叠合受力分析，将原柱中内力与新增结构引起的内力叠加作截面验算。

5.4.3 分离式加层应符合下列规定：

1. 当室内加层结构与原结构采用分离式室内加层时，新旧结构之间应留有足够宽度的沉降伸缩缝。

2. 对分离式室内加层，可在室内另设独立框架承重体系或独立砌体承重体系。

5.4.4 室内加层时，新增结构的基础应考虑与原结构基础及室内基础等有效连接。对基础的承载力及可靠性应验算，当不满足要求时，应采取加固措施。

5.4.5 既有建筑室内加层中，新增加构造柱应符合下列要求：

1. 室内加层新加构造柱宜在平面内对称布置，由底层设起，并沿结构全高贯通，不得错位；

2. 新加构造柱应与新加圈梁连成闭合系统，新加构造柱应与现浇圈梁、原墙体、原基础可靠连接；

3. 室内加层构造柱的混凝土强度等级不应低于C25；

4. 构造柱截面可采用250mm×300mm，扁柱的截面面积不宜小于36000mm^2；

5. 构造柱纵向钢筋不宜小于4ϕ12，箍筋可采用ϕ6，其间距宜为1500~2000mm；

6. 新加构造柱应与墙体可靠连接，宜在楼层1/3和2/3层高处同时设置拉结钢筋或销键与墙体连接；

7. 新加构造柱应做基础，当基础埋深超过 1.5m 时，新加构造柱基础埋深可采用 1.5m，但不得浅于冻结深度。

6 既有建筑加层的地基基础设计

6.1 一般规定

6.1.1 既有建筑加层时，建筑物的地基基础应符合国家现行标准《建筑地基基础设计规范》GB 50007、《既有建筑地基基础加固技术规范》JGJ 123 和《建筑地基处理技术规范》JGJ 79 的相关规定，并应满足本地区地基基础的相关标准的要求。

6.1.2 既有建筑加层后，地基承载力和地基变形均应符合国家现行有关标准的规定。

6.1.3 当地基承载力或变形不能满足加层要求时，应通过方案比较，选择经济合理、施工简便、安全可靠的地基处理方法，处理后的地基承载力宜通过试验确定。

6.1.4 加层后的地基变形计算应符合下列规定：

1. 直接加层结构的地基变形计算，可根据既有建筑物的使用年限、新加层数、建筑物的重要性和地基土的类型等因素综合考虑。

2. 外套结构加层的地基变形，按新建工程计算。

3. 新旧结构应通过构造措施相连接，当新基础单独设置时，应分别对新旧结构按变形协调原则设计和计算。

6.2 基础加固

6.2.1 在既有建筑加层改造工程中，当既有建筑物产生过量沉降或不均匀沉降时，应对既有建筑物地基基础加固。

6.2.2 既有建筑加层时，当地基承载力不足，可加大原基础的底面积。加大基础底面积应符合下列规定：

1. 当基础承受偏心受压时，可采用不对称加宽。当承受中心受压时，可采用对称加宽。

2. 为提高加固效果，应设法消除或减小新加部分与原基础间的应力应变滞后。对于条形基础，可每隔 1.5 ~ 5.0m 间距设置卸荷梁。

3. 在灌注混凝土前，应将原基础凿毛和刷洗干净后，铺一层高强度等级水泥浆或涂混凝土界面剂。

4. 当采用混凝土套加固时，基础每边加宽的宽度及其外形尺寸，应符合国家现行标准《建筑地基基础设计规范》GB 50007 中的有关规定，并应沿基础高度间隔一定距离设置锚固钢筋。

5. 当采用钢筋混凝土套加固时，加宽部分的主筋应与原基础内主筋相焊接。

6. 对条形基础加宽时，应按长度 1.5 ~ 2.0m 划分成单独区段，分批、分段、间隔施工。

6.2.3 独立基础改条形基础应满足下列要求：

1. 当独立基础不宜采用混凝土套或钢筋混凝土套加大基础底面积时，可将原独立基础串联起来改成柱下条形基础。

2. 新增条形基础截面形式有平板式和肋梁式，当原基础净距较小，且本身承载力较富裕时，可采用平板式，否则宜采用肋梁式。

6.2.4 条形基础改筏板基础应满足下列要求：

1. 当正交条形基础底面积不满足要求时，可在其间空余面积处设置筏板，与原基础组成筏形基础。

2. 对于无筋扩展基础，应采用铰接。对于钢筋混凝土基础，可采用刚接。

3. 肋梁式铰接一般采用倒 T 形板，底板嵌入原基础底面，肋梁顶受力筋应植入原基础墙，其余的构造筋可部分植入原基础。

6.2.5 加深基础法可用于地基浅层有较好的持力层且地下水位

较低的情况，设计时应考虑原基础能否满足施工要求，必要时应对基础适当加固。地下水位较高时，应采取相应的降水或排水措施，同时应考虑降排水对建筑物的影响。

6.2.6 基础加固宜与上部结构的改造加固结合进行，并应与地基加固相协调。

6.2.7 可采用深层搅拌水泥土桩法处理正常固结的淤泥与淤泥质土、粉土、饱和黄土、素填土、黏性土以及无流动性地下水的饱和松散砂土等地基。

6.2.8 可采用加筋水泥土桩锚固法加固砂土、黏性土、粉土、杂填土、黄土、饱和土、淤泥以及淤泥质土等土层。

6.2.9 双灰桩法可用于干条形或独立基础的地基加固。

6.3 砖混结构加层基础隔震托换

6.3.1 当结构加层后不满足抗震要求时，宜采用基础隔震支座作抗震加固。

6.3.2 基础隔震托换应由销梁、夹板梁和上、下封盖板等构成。应通过开墙洞，切断上、下墙联系等程序完成布置隔震支座。

6.3.3 预制销梁有长方形和圆形两种，其分别应符合下列要求。

1. 有地梁基础结构可采用长方形的预制销梁。根据荷载情况由计算配置钢筋，混凝土通常采用 C30。预制销梁宽一般为250mm，长度为墙厚加 120mm，设置每边凸出墙面 60mm。安装后用灌浆料塞缝并填满。

2. 无地圈梁的基础结构可采用圆形预制销梁，销梁间距较小，应采用钻孔开洞的施工方法安装圆形预制销梁。

6.4 框架结构加层基础隔震托换

6.4.1 框架结构加层基础隔震托换包括钢管顶撑梁法、千斤顶顶升托换法、并联隔震支座托换法。

6.4.2 钢管顶撑梁法安装托换隔震支座应按下列顺序进行：

1. 用钢管在框架梁端进行顶撑，把结构竖向荷载通过框架梁端传递给钢管，再由钢管传递给基础梁或直接传递给基础；

2. 卸去作用于框架柱的荷载，然后在柱的指定部位截断，安装隔震垫及加固柱；

3. 待装好后达到设计强度时，卸掉支撑钢管，把竖向荷载再转移回来，完成基础隔震垫的设置。

6.4.3 柱自身支撑，千斤顶顶升托换法宜先用增大截面法加固柱，并对柱的上、下端设置千斤顶安放牛腿。牛腿应对称布置，在牛腿上安放同步系统控制自锁式液压千斤顶。应依据柱的总竖向荷载选择千斤顶。

6.4.4 并联隔震支座托换法应符合下列要求：

1. 并联隔震支座应采用夹层橡胶支座和摩擦滑移支座并联复合而成。夹层橡胶支座应能提供系统向心复位力、能自动复位。摩擦支座应能具有良好的耗能能力；

2. 采用并联复合隔震支座，上部结构的重力荷载应由夹层橡胶支座和摩擦滑移支座共同承担；

3. 并联隔震组合支座对于既有框架结构，应能使荷载直接从柱上转移到隔震支座上，再向下传递。

7 既有建筑加层的结构改造

7.1 一般规定

7.1.1 既有建筑在加层改造前，对可靠性不满足要求的结构，应作抗震加固改造。

7.1.2 结构改造应专项设计，方案应安全、适用、实施性强，经济合理，改造后的结构体系和平立面布置要符合国家现行有关标准的要求。

7.2 结构改造设计

7.2.1 既有建筑结构改造应对相应的梁、柱、墙和基础加固，加固后应符合建筑物整体性和抗震性能的要求。

7.2.2 既有建筑结构改造应符合下列规定:

1. 对于框架结构体系，应在部分框架柱间设混凝土剪力墙，形成框架-剪力墙结构体系，也可在部分柱间设交叉钢支撑，形成带钢支撑系统的框架结构体系。

2. 对于混凝土弱剪力墙系统，应加厚剪力墙或拆除薄弱墙段改为增强的新墙段，形成增强的剪力墙结构体系。

3. 对于砌体结构体系，应将部分或全部承重墙段改为夹板墙或混凝土墙，形成砌体和混凝土的复合结构体系或剪力墙结构体系，也可在原砌体结构中加设混凝土构造柱和圈梁，形成约束砌体结构体系。

4. 对于砌体结构的公共建筑中央大厅，除按本条第3款对部分墙段进行改造外，也可在建筑平面内插入完整的混凝土框架或框架剪力墙结构体系，通过新旧结构的有效连接，形成新的混合结构体系。

7.2.3 在平屋面上增设坡屋顶改造时，应根据既有建筑的具体情况，合理选择结构形式，优先采用轻质高强材料，并应符合下列要求:

1. 应在原建筑承重墙位置增设墙体或焊钢架找坡，当原有屋面板承载力有富裕时，可在屋面板上立小钢柱找坡。屋面宜在轻钢檩条上铺压型钢板、复合压型钢板和轻型瓦;

2. 坡屋面结构承载力和变形验算应根据结构自重、风荷载、雪荷载、活荷载及施工荷载进行组合，新旧结构构件间应有可靠连接。

7.3 结构改造方法

7.3.1 当建筑物加层和改造时，应有针对性的采取建筑结构整体性加固、结构构件加固及对裂缝及缺陷进行修补，加固方法应符合国家现行标准的规定。对抗震设防要求的结构改造尚应符合国家现行有关抗震加固和设计标准的要求。

7.3.2 建筑物加层和改造的结构加固设计应兼顾施工阶段及使用期间在安全性、适用性及耐久性方面的不同要求。

7.3.3 结构构件加固可根据结构类型、现场条件选用下列方法:

1. 混凝土结构构件可采用加大截面法、外粘型钢法、预应力法、粘钢法、粘贴纤维材料法等。

2. 砌体结构构件可采用混凝土板墙加固法、钢筋网水泥砂浆夹板墙加固法、压力灌浆法、外包型钢法、钢绞线网聚合物砂浆加固法等。

8 既有建筑加层的能源供应和管线设计

8.0.1 建筑加层时，各种管路及电力线路应检查及校核计算。当不能满足加层需要时，应通过改造或新设给排水、供热、供气和供电系统，并根据有关规范增设消防设备及防雷设施。

8.0.2 建筑加层时，应考虑基础沉降对穿过基础及墙体管路的影响，并采取相应措施。

8.0.3 建筑加层部分的给排水立管及卫生设备，宜与原建筑设备的位置相对应。

8.0.4 建筑加层部分采暖系统的热媒，宜与原系统相同。

8.0.5 建筑加层部分的采暖系统，采用热媒为热水时，室外供热管网应作水力工况分析，当水力失调及系统压力大于设备承压能力时，应采取相应措施。

8.0.6 建筑加层部分的燃气供应系统，宜利用原引入管和立管。居住或公共建筑燃气设备，应采用低压燃气。

9 施工

9.1 一般规定

9.1.1 既有建筑加层改造工程的设计、施工、监理应按规定招标，具有符合资质、等级要求的企业方有权参加既有建筑加层改造工程的投标。

9.1.2　既有建筑加层改造前应编制施工组织、设计和单项施工方案，内容应包括改造加层工程的拆除、加固、楼层、保温、设备电气安装等各分部分项工程的施工方法、技术措施、材料供应、施工流水、安全保障、劳动力安排、进度计划等。

9.1.3　既有建筑加层改造施工前应符合下列条件。

1. 施工图纸及其他技术文件齐全，并通过审查；

2. 施工组织设计及施工方案已经批准，并技术交底；

3. 材料、施工队伍、机具等已准备就绪，现场应具备保证正常施工条件；

4. 主要设备、材料、成品和半成品进场检验记录齐全，并符合本指南和设计要求。

9.1.4　既有建筑加层改造的隐蔽工程应采用挂标识牌做好标识。主要设备安装应与相关专业充分协调，避免交叉施工。

9.1.5　既有建筑加层改造施工过程中，施工单位应配合其他相关专业作阶段性检查和隐蔽工程验收，保证加层改造工程顺利进行。

9.1.6　既有建筑加层工程，应按批准的设计文件施工。在施工中需变更时，应按规定程序办理变更手续。

9.1.7　进场施工的相关机具、设备、配件应符合国家机电产品的质量、技术性能等要求，应有检验报告、质量管理体系认证书、产品合格证以及其他有关的证书。

9.1.8　既有建筑加层工程施工中应重视环境保护，施工中应对施工噪声和建筑污染进行控制，建筑垃圾应及时清理外运，建筑污水应妥善处理，各种管道应有防堵塞、断裂措施。

9.1.9　在既有建筑加层施工中，对原结构应经常检查和监测，掌握并记录主要受力构件和地基基础的变化情况，沉降尚未稳定的加层工程竣工后，应继续定期监测，直至沉降基本稳定。

9.2 施工材料要求

9.2.1 钢材和钢筋宜选用极限变形较小的低强钢筋，如：Q235、Q345 及普通钢筋 HPB235、HRB335、HRB400 等。

9.2.2 既有建筑加层用混凝土强度等级应不小于混凝土标准规定的最小等级，主要受力构件不应小于 C30，并采用收缩性小、微膨胀、粘结性强、早期强度高的混凝土。

9.2.3 螺栓、螺母、垫圈、垫板等所有紧固件的技术性能及其边距、中距的要求，应符合国家现行有关标准的规定。

9.2.4 化学灌浆材料及胶粘剂应采用粘结强度高、收缩性小、耐老化、无毒的材料，其材料性能指标应符合国家现行有关标准的规定。

9.3 加层施工技术

9.3.1 当原建筑为平屋面时，加层前应对原建筑的防水层、保温隔热层拆除、清理和修补找平。当原建筑为坡屋面时，应将原有屋盖系统全部拆除，按设计要求处理后，再加层施工。

9.3.2 对原建筑结构开洞时，宜优先采用机械方法钻凿，应避免损伤原结构。

9.3.3 既有建筑加层工程中新、旧混凝土构件结合应满足下列要求：

1. 原构件的连接部位应进行凿毛，除去浮渣、尘土，冲洗干净；

2. 对需进行钢筋焊接的部位，应剔除原构件保护层，露出主筋，方可施焊；

3. 新旧钢筋均应除锈处理，在受力钢筋上施焊应采取卸荷或支顶措施，逐根分段、分层焊接。

9.3.4 既有建筑加层改造工程中，钢筋网水泥砂浆或钢筋混凝土面层加固墙（简称夹板墙）的施工应符合下列规定：

1. 宜采用喷射法施工混凝土，混凝土强度等级除符合设计要求外，尚应满足泵喷混凝土的和易性、流动性和黏聚性要求，骨料粒径宜小于25mm；

2. 钢筋网按设计要求应采用焊接成型或绑扎成型，与原墙体采用钻孔植入ϕ6短钢筋绑扎固定；

3. 钢筋网与左右墙体应有可靠拉接；

4. 竖筋穿过楼板时，应在楼板上穿孔，插入短筋，孔距宜为800mm左右，短筋截面不应小于孔间距竖筋截面之和，短筋上下与竖筋搭接长度不宜小于400mm，孔洞应以细石混凝土填实。

9.3.5 既有建筑加层工程中的化学植筋应符合下列要求：

1. 化学植筋的相关要求应满足国家现行标准《混凝土结构加固设计规范》GB 50367的相关要求。化学植筋所用锚固胶的性能，应符合国家现行行业标准《混凝土结构后锚固技术规程》JGJ 145的有关规定；

2. 化学植筋所用钢筋及螺杆宜采用HRB335级热轧带肋钢筋；

3. 对于砌体基材，化学植筋的最小有效锚固深度可近似按块材强度等级相同的混凝土基材的规定确定，且钢筋应植入块材中，不得植入灰缝；

4. 化学植筋基材厚度h应不小于（$h_{ef}+2d_0$），且h应不小于100mm；其中h_{ef}为植筋有效锚固深度，d_0为锚固直径。

5. 化学植筋的最小间距S_{min}应不小于$5d$，最小边距C_{min}应不小于$5d$。d为钢筋直径。

9.3.6 既有建筑加层工程中，钢材的连接与锚固应符合下列要求：

1. 焊缝的构造及工艺要求应符合国家现行标准《钢结构设计规范》GB 50017、《建筑钢结构焊接技术规程》JGJ 81和《钢筋焊接及验收规程》JGJ 18等的有关规定；

2. 钢筋的锚固长度和搭接长度应符合国家现行标准《混凝土结构设计规范》GB 50010 及《建筑抗震设计规范》GB 50011 的有关规定。

9.4 加层基础隔震托换技术的施工

9.4.1 砖混结构加层基础隔震托换技术的施工应按下列步骤进行。

1. 根据托换隔震支座的设计图纸，统计预制钢筋混凝土销梁的规格、数量预制生产；

2. 依据图纸进行基础开挖及加固施工；

3. 销梁开洞，应依据图纸采用钻孔或风镐开洞法，开洞与销梁安装可交替进行；

4. 待销梁施工完成后，再施工上、下肩梁，施工中应预埋连接上、下封板的钢板；

5. 上、下肩梁施工完成，待混凝土强度达到设计强度的 70% 以上时，可作隔震支座部位墙上开洞施工；

6. 下封板为套在肩梁上的槽形板，下封板上安装隔震支座，固定隔震支座下连接钢板及按要求固定螺栓套筒；

7. 隔震支座按要求就位后，按规定扭紧下固定板螺栓，再施工上封板；

8. 待全部混凝土达到设计强度的 70% 后，可拆除上、下肩梁间的墙体，上、下梁之间的缝隙应不小于 200mm；

9. 上部结构底板厚度不宜小于 160mm，中间的支撑梁应有足够的刚度；

10. 为保证施工及工程使用安全，必须严格地控制结构的变形及位移，保证施工中结构的绝对安全。

9.4.2 钢管顶撑梁法托换隔震支座的施工应按下列步骤进行：

1. 对钢管上、下支承端基础及框架梁进行整平及加固处理；

2. 支顶钢管就位，应保证位置准确、竖直，并通过调整钢垫板和打紧楔形垫板，保证钢管顶紧；

3. 按设计图纸位置切断框架柱；

4. 切断作业完成后将框架柱清理冲洗干净，表面打毛并钻孔植筋，按设计要求绑扎钢筋及安装模板、隔震支座，校准隔震支座的平整度、垂直度及水平位置偏差；

5. 宜先安装支座下垫板，达到混凝土设计强度后，安装隔震支座，并拧紧套筒螺栓，再放好隔震支座上垫板及拧紧套筒螺栓，然后整体灌注上柱混凝土；

6. 间隔交错托换施工完所有隔震支座，待混凝土达到设计强度后，可对支撑钢管卸载，把荷载重新转移到柱上通过隔震支座向下传递。卸载应一根根柱进行，由钢管逐步向柱及隔震支座转移，同时应全过程监控结构位移及变形在允许范围以内；

7. 按图施工框架隔震层上端的封闭梁、板，同时按图预留检修通道，预留维修、更换人孔，保证隔震层的检查，构件维修及更换。

9.4.3 柱自身支撑，千斤顶托换法的施工应按下列步骤进行：

1. 根据设计图纸对基础进行施工及对上、下柱加固，并灌注上、下支撑牛腿；

2. 待达到混凝土设计强度后，安放顶撑液压千斤顶；

3. 检查千斤顶的安放，同步性能、自锁性均达到要求后顶撑。顶撑应逐步分段施力，并观察监控结构的位移及应力变化，当达到设计施力值时自锁；

4. 在指定位置切断托换柱，并监控记录结构位移及变形值，其值应控制在允许范围内。切断作业应间隔交错进行；

5. 清理干净残余混凝土，按要求施工隔震支座下支座板，安放隔震支座、底垫板及螺栓套筒。应控制各项安装误差在允许范围内，安放隔震支座，固定及拧紧套筒螺栓；

6. 安装隔震支座上垫板及套筒螺栓，全部就位后，再浇注上支座板混凝土，应无缝隙安装；

7. 待达到混凝土设计强度后对千斤顶卸载，将荷载转移到隔震支座上。

9.4.4 并联基础隔震支座托换施工应按下列步骤进行：

1. 根据并联隔震加固设计的隔震支座平面布置图、组合形式、支座种类、尺寸及参数组合校验隔震支座；

2. 加固基础及柱，并按图纸设计施工，组合并联支座牛腿，每柱一般为2~4个隔震支座，牛腿施工应与隔震支座安放同时进行；

3. 将隔震支座安放固定在下牛腿上，校准位置后与下牛腿一起灌筑；

4. 灌筑上牛腿，并与隔震支座的上垫板及螺纹套筒同时整体灌筑，不留缝隙，防止位移超标；

5. 待混凝土达到设计强度后切断柱，把柱上荷载直接传给隔震支座，再传给下柱。

10 验收

10.1 一般规定

10.1.1 既有建筑加层加固工程验收分为隐蔽工程验收、分部、分项工程验收和竣工验收三部分进行。验收应由建设和管理（如果有）单位组织设计、监理、施工单位联合进行。

10.1.2 既有建筑加层加固工程竣工具备验收条件后，施工单位应先自行组织有关人员对建筑、结构、水暖电等检验评定，并向建设单位提交竣工验收申请。监理单位于竣工验收前应对工程质量评估并提出“监理工程质量评估报告”。

10.1.3 既有建筑加层的验收主要包括原结构的加固及新加层部分的验收。

1. 直接加层首先应对加层建筑物加固部分验收，验收合格后方可加层施工，加层施工后应整体验收。

2. 外套加层应对原建筑物结构加固和加层部分分别验收，最后整体验收。

3. 室内加层应对原建筑物结构加固和加层部分分别验收，最后整体验收。

10.1.4　竣工验收应具备以下条件：

1. 改造、加固、加层已按施工合同和设计文件规定的内容全部完成；

2. 材料的试验、化验，构、配件的质量检验、检测成果全部合格；

3. 各项隐蔽工程验收；分部、分项工程质量验收全部合格；住宅工程经一户一验质量合格；

4. 建筑节能、无障碍设施专项验收合格；

5. 室内环境、防雷设施专项检测合格；

6. 消防工程验收（或检测）质量合格；

7. 水、电、暖通、燃气各系统经调试，试验质量合格并达到正常运行要求；

8. 全部施工技术资料、档案齐全并符合建筑工程技术档案标准；

9. 监理单位已出具“监理工程质量评估报告”，评估结果工程质量合格；

10. 业主（使用单位）或物业管理单位已确定，验收后具备移交条件。

11. 国家和地方政府要求具备的其他条件。

10.1.5　建设单位收到工程竣工验收申请后，应会同管理单位组织勘察、设计、施工、监理、相关专业公司等重要参建单位的相关技术人员组成工程验收委员会作竣工验收。施工验收应在建筑工程质量监督站的监督下进行。

10.1.6　工程验收委员会的组成应遵循专业性和公正性原则，

并应推荐主任（组长）一名、副主任（副组长）1~2名，验收人员中各专业技术人员所占比例不应低于80%。

10.1.7 既有建筑加层改造工程的验收，除应符合本指南相应的要求外，尚应符合国家现行有关标准《建筑物移位纠倾增层改造技术规范》CECS 225—2007的相关要求。

10.1.8 既有建筑物改造工程应按既有建筑物大修的分部工程验收。加层部分应按新建工程的分部工程验收。

10.1.9 既有建筑物加层改造工程的质量验收的划分、组合和程序应执行现行国家标准《建筑工程施工质量验收统一标准》GB 50300的有关规定。

10.2 隐蔽工程验收

10.2.1 施工中应做好隐蔽工程的验收。

10.2.2 建设单位或监理单位应会同设计、施工单位，对既有建筑在加层改造过程中的隐蔽工程质量跟踪验收，并按附录B填写隐蔽工程验收单，作为竣工验收的依据。

10.3 分项、分部工程验收

10.3.1 既有建筑加层加固改造工程的分部、分项工程验收应符合下列要求。

1. 分部、分项工程验收应依据正式设计文件、图纸、设计变更文件等验收。对施工过程中作局部调整或变更的部分，应由施工方提供变更审核单；

2. 原材料、构配件的出厂质量合格证书、检测报告和抽样检验记录；

3. 水泥、砂浆、混凝土等试块的强度检测报告，钢筋、型钢、拉杆等连接接头的感观检查记录和试验报告；

4. 分部工程观感验收记录；

5. 分部工程实体抽样验收记录报告；

6. 复核隐蔽工程的施工记录和验收记录报告；

7. 施工阶段性监测报告；

8. 重大技术问题处理及设计变更和材料代用记录。

10.3.2 分部、分项工程验收宜根据工程施工特点分期进行，应在施工班组内自检、互检的基础上由施工单位的技术负责人、质检员、各分项负责人共同验收。

10.3.3 对影响工程安全和结构性能的工序，应在该工序验收合格后才能进入下一道工序的施工。

10.4 竣工验收

10.4.1 竣工验收应在具备10.1.4的条件后进行。工程验收委员会在竣工验收后应按本指南附录C填写验收结论。

10.4.2 竣工验收除按本指南附录C的表格填写外，还应按现行国家标准《建筑工程施工质量验收统一标准》GB 50300的规定填写。

10.4.3 工程竣工验收时，施工单位应提供下列技术资料：

1. 全部的施工图（如竣工图已绘制完成应提供竣工图）、图纸会审记录、设计变更通知书、工程洽商等设计和变更文件；

2. 既有建筑的检测鉴定报告、建筑物的检测、沉降检测记录等检测类文件；

3. 全部的质量保障性文件，包括但不限于材料、构配件出厂合格证；检测、试验、复试报告等；

4. 隐蔽工程，各分部、分项工程验收记录等过程验收文件；

5. 水、电、暖通、燃气各系统的调试、试运行、压力试验记录如工程验收记录等系统验收文件；

6. 监理单位出具的质量评估报告；

7. 验收委员会要求提交审验的其他文件。

10.4.4 既有建筑加层加固工程的分部、分项工程验收分为主控项目验收和一般项目验收。

1. 主控项目验收应符合下列规定：

1）既有建筑加层部分应按新建工程的主控项目验收。

2）既有建筑改造工程的主控项目主要有新增结构的构件材料强度，新老结构连接部位的构造等。

3）基础加固工程的主控项目主要有地基承载力、地基变形、基础材料强度、整体稳定性等。

2. 一般项目验收应按国家现行有关标准的规定进行验收。

10.4.5　通过验收的既有建筑加层加固工程应符合下列要求：

1. 主控项目全部合格。

2. 一般项目80%以上合格的工程，可以判定为合格，否则判定为不合格。

10.4.6　加层工程验收结论应符合下列规定：

1. 通过验收的工程，应对验收中存在的主要问题，提出建议与要求。

2. 未通过验收的，应提出整改意见，由施工单位负责整改，整改合格后继续验收。

10.4.7　需要整改的加层工程应符合下列规定：

1. 验收通过的工程，施工单位应根据验收结论提出的建议与要求，提出书面整改措施，并经建设单位认可签署意见。

2. 验收不通过的工程不得正式交付使用。施工单位应根据验收结论提出的问题，抓紧落实整改后方可再提交验收，再次验收合格形成合格结论，仍不合格的继续整改，直至合格为止。

附录A 既有建筑加层加固改造工程的检测项目

表A 既有建筑加层加固改造工程的检测项目表

检测项目		加层工程	改造加固工程
地基基础	场地类别	√	△
	地基土状况	√	△
	地基稳定性	√	△
	地基承载力	√	△
	基础、桩的工作状况	√	△
	地基变形及上部结构反应	√	△
上部承重结构	结构布置合理性	√	√
	结构使用情况核查	√	√
	主要构件材料强度	√	√
	结构裂损及结构的垂直、水平位移情况	√	√

注：表中，√表示应做项目，△表示选做项目。

附录 B　隐蔽工程验收

表 B　隐蔽工程验收表

<table>
<tr><td colspan="7">工程名称：</td></tr>
<tr><td colspan="2">建设单位/总包单位</td><td colspan="2">施工单位</td><td colspan="3">监理单位</td></tr>
<tr><td colspan="2"></td><td colspan="2"></td><td colspan="3"></td></tr>
<tr><td rowspan="8">隐蔽工程内容</td><td rowspan="2">序号</td><td rowspan="2">检查内容</td><td colspan="4">检查结果</td></tr>
<tr><td colspan="2">安装质量</td><td>部位</td><td>图号</td></tr>
<tr><td>1</td><td></td><td colspan="2"></td><td></td><td></td></tr>
<tr><td>2</td><td></td><td colspan="2"></td><td></td><td></td></tr>
<tr><td>3</td><td></td><td colspan="2"></td><td></td><td></td></tr>
<tr><td>4</td><td></td><td colspan="2"></td><td></td><td></td></tr>
<tr><td>5</td><td></td><td colspan="2"></td><td></td><td></td></tr>
<tr><td>6</td><td></td><td colspan="2"></td><td></td><td></td></tr>
<tr><td colspan="7">验收意见

建设单位　　施工单位　　监理单位
验收人：　　验收人：　　验收人：
日期：　　日期：　　日期：
签章：　　签章：　　签章：</td></tr>
</table>

附录C　验收结论汇总

表C　验收结论汇总表

<table>
<tr><td colspan="2">工程名称：</td><td colspan="2">设计单位：　　　施工单位：</td></tr>
<tr><td colspan="2">隐蔽工程
验收结论</td><td colspan="2">验收人签名：　　　年　月　日</td></tr>
<tr><td colspan="2">分部、分项工程
验收结论</td><td colspan="2">验收人签名：　　　年　月　日</td></tr>
<tr><td colspan="2">竣工工程
验收结论</td><td colspan="2">验收人签名：　　　年　月　日</td></tr>
<tr><td colspan="2">工程验收
结　　论</td><td colspan="2">各参加验收单位负责人签名：</td></tr>
<tr><td colspan="4">建议与要求：

年　月　日</td></tr>
<tr><td>建设单位
签名：

年　月　日</td><td>设计单位
签名：

年　月　日</td><td>施工单位
签名：

年　月　日</td><td>监理单位
签名：

年　月　日</td></tr>
</table>

注：隐蔽工程验收、分部、分项工程验收、竣工验收三项结论中，若有一项不合格，不能通过验收，经整改合格后再填写本表。

第二章　条文说明

1　总则

1.0.1　随着我国建筑进入快速发展时期，土地资源日趋紧张，建筑能耗在总能耗中所占比例逐年升高，既有建筑的改造利用已成为城市建设发展的瓶颈之一。利用科学的加层技术解决既有建筑物的扩容，已成为政府和相关企业关注和研究的重要领域。近年来，许多既有建筑物由于受当时的经济条件和建筑技术条件所制约，建筑功能、结构形式、建筑物原有面积等方面已不能满足现在社会的需求。因此，就需要在原有建筑物上增加层数以扩大使用面积，这样就会增加单位土地面积容积率，节省城市配套设施，节约投资和材料，又可避免拆迁等的复杂琐事。通过对既有建筑的加层改造，在加层的同时又对原有建筑物加固，可以延长原有建筑物使用年限，建筑寿命的延长是最大的节能。既有建筑物加层应遵循“先抗震加固，后加层改造”的原则。

1.0.2　本条提出了做好既有建筑的检测、鉴定和评估工作，是搞好既有建筑加层诊治工程的重要前提。为了确保检测、鉴定和评估工作的质量，应由具有检测、鉴定和评估资格的单位或技术部门进行，这是十分必要的。既有建筑加层前，应做好检测、鉴定和评估工作，按规定程序申报，批准后方可设计、施工。

1.0.5　在既有建筑加层工程中，各地区创造了许多适合当地的宝贵经验和行之有效的方法，因此除了执行本指南外，尚应重视各地区、各部门的具体规定和要求。在进行既有建筑加层改造工程时，应满足国家现行有关技术标准（如荷载、混凝土结构、地基基础、施工及验收等）的规定。既有建筑加层加固工程的新旧建筑宜联成整体，抗震设防区应与抗震设防加固结合进行，以达到抗震加固和加层改造的双重目的。本条同时也规定了既有建筑加层加固工程设计、施工和验收除符合本指南外，其他安全技术和劳动保护等必须遵守国家现行有关标准和规范，有两层意思：

1. 制定本技术指南时，对新技术应用、新产品的安装以及设计、施工及质量验收作了比较灵活的描述。

2. 随着我国经济发展和技术进步加快，新的生产力发展迅猛，加入世界贸易组织后，经济、技术标准和管理标准，必然会更新或修正，即使本指南也在所难免，这层意思是说明要有动态观念，密切注意变化，才能及时顺利执行本指南。

2 术语

对既有建筑加层改造工程的术语作了规定。

3 检测、鉴定与评估

3.1 一般规定

3.1.2 通过对既有建筑结构的可靠性及抗震鉴定，并分析，来评估符合加层条件的既有建筑结构加层后的使用安全，从而确定既有建筑加层加固改造形式及方法。既有建筑在使用过程中不可避免地会遇到自身使用条件或结构的改变而带来的安全隐患，通过对既有建筑的检测、鉴定，为科学地评估既有建筑加层的安全性奠定了基础。

3.1.4 本条主要明确可进行检测、鉴定与评估的单位，必须是已取得相关资格的合法部门。

3.3 检测

3.3.1 本条主要是根据对既有建筑作正确评估的要求，而必须收集的资料和必须检测的项目。如果项目不全，就有可能对原建筑的基本情况了解不充分，不全面。

3.3.3 现场检测优先采用无损或微破损方法进行，也可根据现场检测、实验室材性实验或相关资料确定建筑增加的层数。检测方法按国家现行有关标准执行，常用的现场检测的方法一般有：

1. 用于混凝土强度检测的超声一回弹法、取芯法和拔出法。
2. 适合于检测焊缝缺陷的 X 光照相法。
3. 适合于检测活化腐蚀和裂缝的电测法。
4. 适合于检测由于损伤而改变结构动态特性的动态测试法。
5. 适合于检测焊缝缺陷的声呐和超声波法。
6. 适合于检测裂缝稳定性的声发射法。
7. 适于检测是否存在裂缝及判断裂缝长度的着色法等。

3.3.4　为了使检测统计的数值可靠、真实，现场检测的数量、检测的位置要有代表性。根据有关经验资料及既有建筑的重要性，提出具体检测的数量值。按照既有建筑的高度和施工时有无人员居住、使用的情况，现场检测分为重要建筑和一般建筑。重要建筑是指高层或进行加层施工时有人居住、使用的建筑。一般建筑是指施工时无人居住、使用的多层或低层建筑。

3.4　鉴定

3.4.2　当符合第一级鉴定的各项要求时，建筑可评为满足抗震鉴定要求，不再作第二级鉴定。当不符合第一级鉴定要求时，除鉴定标准有明确规定外，应由第二级鉴定作出判断。

3.4.4　调查建筑现状与原始资料相符合的程度、施工质量和维护状况等。根据各类建筑结构的特点、结构布置、构造和抗震承载力等因素，采用相应的逐级鉴定方法，进行综合抗震能力分析。

当资料不全时，应补充实测。不同的结构类型，检查重点、项目内容和要求不同，应采用不同的鉴定方法。

3.4.5　影响地基基础安全性的因素很多，主要有地基、桩基和斜坡三个项目需要检查，基础和桩两种主要构件需要检测和评定。既有建筑的地基基础是一个整体，无论哪一方面出现问题，将直接影响其安全性，故上述三个检查项目和两种主要构件的评定具有同等重要性。

3.4.6 结构分析应在现场检测之后，鉴定之前进行。根据有关法规或合同要求，鉴定需经结构分析时，应由该项目负责人负责组织并解决有关问题，以确保鉴定的准确性，结构分析的结果和采取的措施应保存记录。

3.4.7 在基础鉴定中，首先将地基基础视为一个共同工作的系统，通过观测其整体与局部变形（沉降）情况或其在上部结构中的反应，来评估其传力与承载状态，并结合工程经验判断作出鉴定结论。一般只有在观测遇到问题，怀疑是由基础承载力不足所引起的，认为有必要进一步查明时，才考虑单独对基础鉴定。目前国内多倾向于在现场调查取得基本资料的基础上，采用分析鉴定与工程经验判断相结合的方法来解决其鉴定问题。

3.4.8 鉴定结论是在建筑结构鉴定完成后，出具的各种结论性意见，鉴定结论的相关记录应归档保存。

3.5 评估

3.5.1~3.5.3 所规定的是技术因素，而工程分析时，还有经济、小区规划、环境匹配、行人和建筑四周的安全等问题。本节的条文就是指明检测与鉴定后，应从不同的角度综合分析，对加层的可行性作出恰如其分的、有说服力的、科学的评估。

4 既有建筑加层的建筑设计

4.0.1 既有建筑加层的建筑设计，不同于新建工程，它受原建筑物的限制，所以在既有建筑加层的建筑设计时，要符合城市规划或小区规划的要求，要使既有建筑加层的建筑设计与小区内的建筑和环境相协调。

4.0.2 可以加层的既有建筑经过长期的使用后，已经产生了一定程度的破损，所以在加层时，应对原建筑作抗震加固改造。

4.0.3 选择既有建筑加层的方案时，要全面、综合考虑，既有建筑在规划上确定加层方案后，最主要的是确定加层方案。

4.0.4 在既有建筑加层设计时，要使加层部分的结构刚度与原结构保持一致，并应注意加层后的结构整体性。

4.0.5 在加层建筑的平面设计时，不但要满足使用功能要求外，还要考虑结构的合理性。采用外套结构法加层时，平面布置不宜受原建筑的限制。采用直接加层法加层时，宜使新增结构的承重墙、柱与原结构的承重墙、柱上下对应。对不设管道层的加层建筑，应使加层部分与原建筑卫生设备的房间上下对应，这样便于给排水管道的布置和利用原有给排水管道系统。

4.0.6 本条规定了对既有建筑改造的原则，在改造时应针对加层工程实际情况，因地制宜地确定原建筑的改造方案。

4.0.7 在既有建筑加层的立面设计时，在满足建筑使用要求和技术经济条件的前提下，应恰当地运用建筑设计的手法，设计出体形完整、形式与内容统一的建筑立面。在建筑立面设计时，对具有地方特色的建筑风格和地方建筑文化，应根据情况保留和发扬，同时应进行建筑艺术的再创造。

5 既有建筑加层的结构设计

5.1 一般规定

5.1.5 既有建筑加层应采用合理的结构体系，力求计算简图符合实际，传力路线明确，构造措施可靠，便于施工。

5.2 直接加层

5.2.1 在既有建筑的加层中，以直接加层为多，且较其他形式的加层更为经济、方便。直接加层适用于多层砌体结构、多层内框架砌体结构、底部框架—抗震墙上部砌体结构、多高层混凝土结构等。采用直接加层法设计时，先计算新加部分的结构内力，再把内力加入原有建筑，对原建筑承载能力进行验算，包括：地基承载力验算、钢筋混凝土基础抗弯及抗冲切验算、砖混结构的承重墙承载力验算、框架结构的框架承载力验算、原有屋面板改为楼面板后的承载力验算。在原有建筑物不满足安全要求的情况下，应采取相应加固措施，直接加层一般不宜超过三层。

5.2.3　在原结构上直接加层时，原结构的女儿墙、挑檐等部分应拆除，原结构的屋顶防水应拆除，并增浇叠合层加固，同时应处理好的原屋顶增加圈梁及构造柱的植筋。

5.2.4　既有建筑加层结构应设置圈梁，以提高其整体性和空间刚度，使加层部分新增荷载均匀传到原建筑物上，防止加层后产生不均匀沉降。当圈梁被门窗洞截断时，应按现行国家标准的规定设置附加圈梁。圈梁的宽度宜与墙厚相同，圈梁的高度不应小于180mrn。其纵向钢筋不宜小于4根直径为$\phi10$，箍筋间距不宜大于250mm。新增设承重墙上的圈梁与原墙体上的圈梁宜采用刚性连接，圈梁主筋与连接钢筋的焊接长度应$\geqslant 10d$。

5.2.5　抗震墙应设置基础，其埋置深度宜与原结构基础相同，新增墙体与原有墙体或壁柱间应有可靠拉接，以减小柱的计算长度和柱的截面尺寸。

5.2.8　由于原结构在设计计算时，顶层楼梯梁可能只考虑一侧有楼梯踏步板，所以在向上接楼梯时，原结构顶层的楼梯配筋梁应重新核算。

5.2.12　建筑物加层前，应在原建筑物基础下有效压密区$0.5b \sim 1.5b$（b为基础底面宽度）深度范围内取原状土，取土数量及试验要求满足《建筑地基基础设计规范》GB 50007—2002的规定。

5.2.13　若原基础为砖基础，砖的强度等级不应低于MU7.5，砂浆不应低于M2.5，宽高比不小于1∶1.5。若为混凝土基础，除宽高比符合规范限值外，还应注意作抗剪强度验算。若为钢筋混凝土条形基础，则应验算底板及基础梁的配筋，并进行抗冲切和抗剪强度验算。

5.3 外套加层

5.3.2 为了防止竖向刚度突变形成薄弱底层，外套结构应有合理的刚度和承载力分布。外套加层适用于原结构为砌体结构或混凝土结构，加层部分为外套钢筋混凝土框架、框架剪力墙结构或钢结构等，新结构的竖向承重体系与老结构的竖向承重互相独立，水平抗侧刚度及抗水平力由新老结构共同承担。采用外套加层技术可使原建筑物增加3~6层。

5.3.3 外套框架结构可分为分离式外套结构体系和协同式外套受力体系。分离式外套结构体系计算简图清晰，外套框架独立承担加层部分的荷载。但当既有建筑物层数较多或抗震设防烈度高于七度时，由于新旧建筑物没有垂直方向的联系，外套框架结构底层柱过长，导致外套框架结构上重下轻、上刚下柔，形成“高鸡脚”建筑，对抗震极为不利。因此，这种方法在地震区不宜采用。

协同式外套受力体系解决分离式外套结构体系存在的问题，可以提高结构整体性及横向刚度以利于抗震，协同式外套受力体系将外套框架与既有建筑物通过设置钢拉杆、扣件与咬合键、钢筋混凝土嵌固键、砂浆锚杆或在既有建筑物横墙中设置拉接钢筋后浇注于外套框架中，有利于抗震。

5.3.4 外套框架结构协同式受力体系对整个结构的合理受力及安全工作有着至关重要的作用。连接方式有：

1. 滑动限位卡件连接外套框架柱：紧固件及滑动限位卡件通过连接螺栓分别与原框架边节点和与之对应的加层框架柱相连。

2. 垫块连接外套框架柱：在原框架柱位于原结构梁以上及以下位置，各预埋四根钢筋，通过锚固钢板和锚固螺栓，将其在原结构梁柱节点的上、下两侧分别与原结构柱相连，并在新、老结构柱位于连接钢筋中间的缝隙中各布置2个垫块。

3. 锚固箱体连接外套框架柱：外套框架锚固箱体适用于新、旧结构柱有一定间距的工程，连接柱间间距具有较大灵活性。

4. 外套加层框架首层梁柱与原结构顶层节点连接：对于外套加层框架梁柱与原结构的顶层连接采用将外套框架的首层梁柱节点向下延伸至原结构顶层梁柱节点处，向内延伸一定距离，使节点加强区与原结构节点间留有微小缝隙，在缝隙内安置一橡胶垫即完成整个构造。

5.3.5 新、旧结构之间完全脱开的外套加层方式，根据原结构特点、新加层数、抗震要求等因素，可采用框架结构、框架剪力墙结构等形式。外套框架的纵向柱列应在原结构的每层或隔层楼盖标高处形成纵向框架体系。

5.3.6 采用新旧结构完全脱开的外套结构加层时，新增建筑物结构与原建筑物的水平净距应满足防震缝（地震区）或伸缩缝（非地震区）的要求，并不小于100mm，竖向净距应考虑新增建筑物的沉降。

5.3.7 外套结构加层与原有结构脱开，该形式结构设计简图明确，可按一般新建建筑进行承载力和变形计算。由于目前对各种类型的加层方法未作系统的试验研究及分析，本指南中不作具体规定。当外套结构与原有结构相连时，应考虑新旧结构在荷载作用下的协调工作，设计时应根据加层设计方案，选择合理的计算简图及计算方法，采取可靠的连接构造措施。

5.3.10 本条所列计算公式，为现行“混凝土结构设计规范”中确定有侧移框架柱计算长度所用公式。

5.3.11 当跨度较大时，外套结构的横梁宜采用有粘结预应力混凝土梁，或在每两层梁之间设置预应力空腹桁架。

5.3.13 当外套框架柱与基础应采用刚性连接时，基础的变形应控制在允许范围内，并应采取有效措施限制基础的转动。

5.3.14　外套结构梁与柱或剪力墙与柱的中线尽量使刚度中心与质量中心重合，对质量刚度明显不均匀对称的应考虑水平地震作用的扭转影响。

5.3.16　外套结构底层钢筋混凝土梁、板、柱、墙混凝土强度等级不应小于C25。

5.4　室内加层

5.4.1　在建筑的使用功能中，经常遇到由于使用要求的改变，在原有建筑物中（如单层砖房、单层钢筋混凝土柱厂房、单层钢结构厂房等）室内加层。

5.4.3　采用分离式室内加层时，在新结构与原结构之间应留缝，缝内采用柔性材料填塞。

6　既有建筑加层的地基基础设计

6.1　一般规定

6.1.1　既有建筑加层时，其地基基础的强度，变形和稳定性，是进行地基基础设计中必须满足的三个基本条件。

6.1.2　地基承载力的确定是加层设计中至关重要的问题，其大小决定原建筑增加的层数和上部结构方案的选择。一般认为既有建筑地基承载力在原建筑荷载作用下，地基固结，产生压密效应而得到提高。根据经验，一般情况下可比原始承载力提高10%～50%。在设计中一般取20%～30%。这种土的压密过程与基础压力的大小、基础宽度、建成的时间、土体本身的性质及渗透性、排水条件等有关。当建造时间比较长、原始资料不全难于确定原建筑的原始承载力时，可通过原位测试或取样化验，按与新建筑物相同的方法确定其承载力。

6.2　基础加固

6.2.1　加层前通过计算，确定基础的承载能力，对不满足要求的基础应加固处理。

6.2.2　加大基础底面积法可采用当既有建筑物荷载增加，基础底面积尺寸不满足设计要求，且基础埋置较浅有加大条件时的加固。扩大基础底面积法可采用混凝土套或钢筋混凝土套，应采取有效措施保证新旧基础的牢固连接和地基的变形协调，加大后的面积应较计算值提高10%。当不便采用混凝土套或钢筋混凝土套加大基础底面积时，可将原独立基础改成条形基础。或将原条形基础改成十字交叉条形基础或筏板基础。或将原筏板基础改成箱型基础。

6.2.3 与独立基础相比，条形基础不仅基地面积显著增大，而且整个基础结构的刚度和整体性也大幅度增强。

6.3 砖混结构加层基础隔震托换

6.3.1 基础隔震托换技术的隔震支座一般设于柱下，每柱设置一个叠层橡胶支座或铅芯橡胶支座，橡胶隔震支座宜设置在受力较大位置，铅芯橡胶支座布置在外围以增强结构的抗扭性能。

6.3.2 采用基础隔震托换技术，改变调整结构的整体动力特性，使结构在地震作用的动力反应（加速度、速度、位移）得到预期的合理控制，同时使设计、施工达到安全、可靠、方便、快捷的目的。

6.3.3 圆形预制销梁由于原砌体及砂浆强度较低，为保证传递上部结构荷载，销梁间距应较小。为不破坏砌体结构，应对原砌体采用钻孔开洞的施工方法安装圆形预制销梁，圆形预制销梁直径一般为200mm，采用钻机钻孔安装，对墙体破坏很小。安装预制销梁，孔与梁间隙宜为5mm，采用环氧树脂结构胶灌缝安装，施工安装速度快，能保证边钻孔，边安装，实现了连续不间断施工，从而加快了施工速度。

6.4 框架结构加层基础隔震托换

6.4.2 钢管顶撑梁法安装托换隔震支座

1. 钢管顶撑的主要构件是钢管，要求钢管应有足够的强度和刚度，一般采用外径200~300mm，壁厚8~12mm钢管。

2. 钢管按压弯构件计算，设置根数根据与框架柱相连的框架梁的数量及施工要求确定，通常为2～4根。

3. 钢管上、下支撑端应焊接20mm厚宽同顶撑框架梁宽，长不小于300mm的钢板。钢管接长一般采用法兰盘螺栓连接。对于钢管上、下端顶撑的框架梁应按最不利受力情况校核计算，保证强度及刚度满足安全要求。

4. 对梁端与钢管接触部位应粘钢加固。钢管的安装与框架梁顶紧是靠垫夹钢板及敲紧楔形钢板实现。钢管与框架的顶紧也可以在钢管端加螺栓套筒钢管，通过螺栓调整套筒钢管的升降，实现与框架梁的顶紧。

6.4.3 柱自身支撑，千斤顶顶升托换法

1. 柱自身支撑是针对梁支撑的荷载，由柱到梁再到支撑的传递，而且增大了梁的负担及不安全因素。变为由柱的牛腿传给千斤顶再传递给柱，免去了梁的参与，减少了传递过程。

2. 对于柱的加固设计应考虑竖向荷载、罕遇地震的剪力作用，及由于水平位移产生的偏心弯矩作用，同时还应考虑托换施工中的千斤顶传来的荷载及千斤顶承台牛腿的计算设计及构造要求。

3. 千斤顶的选择应根据顶升力、行程要求，一般为对称设置，同步顶升，因支撑重物时间较长应有自锁装置。多选择大吨位电动自锁同步式液压千斤顶。构造上应考虑千斤顶构造安装，并考虑可靠的连接及增长构件的设计。

4. 牛腿的配筋及构造应与橡胶隔震垫支座板的就位与连接综合考虑。

6.4.4 并联隔震支座托换法

1. 并联隔震体系，无地震时总竖向力由橡胶支座和滑移支座共同承受。

2. 地震时产生水平位移，橡胶支座的竖向刚度随水平位移

增加而减小，而滑移支座竖向刚度不变，因而橡胶支座的反力减小，因总反力不变而滑移支座反力增加。

3. 对于并联隔震支座设置两个或多个支座时，对于每柱设多个隔震支座通常选用橡胶支座与摩擦滑移支座并联组成。

7 既有建筑加层的结构改造

7.1 一般规定

7.1.1 除了对既有建筑在加层改造时，需对原结构抗震加固改造外，下列情形也应对原结构加固改造。

1. 提高原建筑结构的整体性和构件的承载能力，改善结构的变形性能。

2. 改变既有建筑的使用功能，如荷载改变，扩大柱网或开间尺寸以及在承重墙体和楼板上增设洞口等。

3. 既有建筑改建、扩建，如增设楼梯、电梯、增加专用管道井等。

7.1.2 结构改造应专项设计，内容应包括现状功能分析与评估、改造方案优化，改造加固设计施工图等。

7.2 结构改造设计

7.2.1 既有建筑结构改造当无支撑托梁拔柱或托梁拆墙时，施工顺序应先加固，后断柱拆墙。当有支撑时，应采用措施保证传力途径的顺利转换。

7.3 结构改造方法

7.3.1 既有建筑加层和改造应对所有承载力不足的结构构件加固，修补裂损构件，对新旧结构间可能出现的差异沉降进行控制和妥善处理。

8 既有建筑加层的能源供应和管线设计

8.0.1 本条强调对管、线检查及校核计算，主要是为了通过这一环节了解并掌握管、线的破损程度及可继续使用的范围，从而确定设计及施工方案。既有建筑加层后，其高度、层数或体积若达到设置消防设备要求时，应按现行有关标准执行。

8.0.2 因既有建筑加层致使基础沉降而可能将穿过基础及墙体的管路压裂或压断，应重视并采取相应措施，避免给结构造成危害。

8.0.3 建筑内采用相同的采暖热媒，可使采暖系统简化并节约管材。

8.0.4 既有建筑加层后对室外供热管网的流量、压力、水力平衡等都将产生影响。若处理不当，会严重影响供热质量与发生安全事故。所以，应分析水力工况，针对存在的问题采取其他有效措施。

8.0.5 利用原有引入管和立管，可以节省管材，便于施工。

9 施工

9.1 一般规定

9.1.2 在进场施工前，组织设计、工程、施工等相关人员对现场实地勘察，并会审设计方案、施工方案、设计图等，审核设计与现场是否相符，设备配置、安装位置是否合理等。根据既有建筑加层改造工程的工程量确定施工队伍的组织管理机构，包括材料管理、设计图纸管理、施工管理等。

1. 材料管理：掌握施工进度，及时供应工程材料，作好材料进、出库的管理工作，对不合格的器材不得在工程中使用。

2. 设计图纸管理：负责方案和施工图纸的设计以及施工过程中图纸的变更。

3. 施工管理：严格执行施工工艺和规程，落实设计文件和施工图纸变更后的施工实施情况。

9.1.6 既有建筑加层工程的施工比新建工程复杂，在加层施工中，设计、监理与施工单位应密切配合，应严格按程序施工，及时解决施工中出现的问题，以便及时、妥善的处理。

9.1.7 既有建筑加层改造相关机具及配件应严格按标准生产，

产品必须有生产厂名、批号、检验代号及生产日期，便于工程质量监督部门监督，防止伪劣产品混入。

9.1.8 既有建筑加层工程，通常是在已经正常使用的建筑群中进行，不同于一般的新建工程。因此，对环境保护问题要特别重视，尽量减少对原用户及周围用户的不良影响。

9.1.9 既有建筑加层施工中，应有专人负责施工中的监测和记录工作。监测工作是既有建筑加层工程中的重要手段，观察到的变化情况和取得的数据，是对设计工作的检验和指导下一步工作的依据。因此，要有专人负责，积累一套完整的资料，作为工程档案长期保管。

9.3 加层施工技术

9.3.3 加层的新旧墙体结合部位清除干净，用水冲刷湿润，并应按加层设计图规定或采取有效的施工措施，保证新旧墙体之间连接可靠。

9.3.6 钢材的连接与锚固应主要有型钢与型钢之间、型钢与钢筋之间以及钢筋与钢筋之间的焊接，焊缝的承载力应大于或等于母材的承载力。

9.4 加层基础隔震托换技术的施工

9.4.2 施工中应注意对隔震支座的全程保护，防止被混凝土污染，特别是螺栓焊应封闭保护，保证不影响安装施工。施工完成后应按图纸要求，对隔震支座进行防腐防火保护，保护材料一般应选用不阻碍结构沿隔震层水平方向位移及垂直位移。按图施工框架隔震层上端的封闭梁、板，一般在施工加固混凝土柱时应预留好钢筋接头或上柱与梁板整体浇筑，保证柱与梁板连接可靠，保证整体刚度。

9.4.3 柱自身支撑，千斤顶托换法的施工步骤应依据设计分步、分段进行，既保证结构安全又要考虑千斤顶的合理周转及施工进度。

9.4.4　并联基础隔震支座托换技术施工应注意切柱时结构位移变化及监控和记录。切断柱应间隔分段进行，让荷载转移逐步完成，保证平稳过渡，结构安全。

10　验收

10.1　一般规定

10.1.1　既有建筑加层工程的验收，由批准设计文件的主管单位负责，组织设计、施工、监理等单位有关人员参加。既有建筑加层加固工程验收分为隐蔽工程验收、分部、分项工程验收和竣工验收三阶段进行。

1. 隐蔽工程验收

隐蔽工程应在下道工序前，应由建设单位代表（监理人员）进行隐蔽工程检查验收，并认真办理好隐蔽工程验收手续，纳入技术档案。

2. 分部、分项工程验收

既有建筑加层加固工程在某阶段工程结束或某一分部、分项工程完工后，由施工单位会同设计单位分项验收。

3. 竣工验收

工程竣工验收是对整个工程建设项目的综合性检查验收。在工程正式验收前，应由施工单位预验收，检查有关的技术资料、工程质量，发现问题及时解决好。

10.2　隐蔽工程验收

10.2.1　隐蔽工程主要包括基础、混凝土构件、砌体等隐蔽（含加固）工程，应做好隐蔽工程的施工记录、检查记录。

10.2.2　竣工验收时，隐蔽工程验收对照附录B的记录，复核隐蔽工程验收表的验收结果。

10.3　分项、分部工程验收

10.3.1　在对既有建筑加层工程的分项、分部工程质量验收过程中，如发现的问题影响到建筑结构的安全，且不符合合格的规定时，应及时组织有关人员查找问题的原因并分析，并按有关规定制定补救措施，及时处理，对有缺欠工程应返工重做。

10.4 竣工验收

10.4.1 竣工验收应依据设计文件、变更文件及本指南进行，并对照初步设计意见、设计整改落实意见和工程检验报告，检查建筑结构的主要功能和技术指标，应符合工程合同和国家现行标准与管理等相关规定。

后　记

住房和城乡建设部政策研究中心　赵路兴

本书是根据住房和城乡建设部文件，建科［2011］59号“关于印发《住房和城乡建设部2011年科学技术项目计划》的通知——我国既有建筑加层加固技术与政策体系研究（项目编号2011-k2-28）”的项目验收报告来编写的。该项目于2012年3月24日通过住房和城乡建设部建筑节能与科技司的验收，验收证书编号为“建科验字［2012］第42号”。与会专家包括：北京市建筑设计研究院教授级高工吴德绳、清华大学建筑设计研究院有限公司教授叶茂煦、北京方晟房地产开发公司高工柴杰、建设部住宅产业化促进中心教授级高工文林峰、北京市建委房屋安全和设备管理处教授级高工李自强、北京工业大学教授张毅刚、北京交通大学教授崔江余、建设部标准定额研究所高工方启通、国家知识产权局高工杨林。

历时近两年的“我国既有建筑加层加固技术与政策体系研究”项目顺利完成并通过验收，在项目验收会上诸位专家一致认为，该项目通过研究与工程实践对既有建筑的加层改造从政策策略与技术措施两个方面深入研究，项目成果具有较强的实用性、系统性、科学性，填补了我国既有建筑加层改造工程综合技术的空白，能够有效指导设计与施工，促进行业技术进步，对延长既有建筑耐用年限、完善既有建筑使用功能、节能低碳等具有重要的现实意义和实用价值。感谢各位专家对研究项目的指导和肯定，也促使了本书的产生，从一开始就站在了比较高的起点上，更具技术先进性和工程指导意义。

建国六十余年来，我国各类建筑存量巨大，过去对既有建筑经常采用简单的拆除方式，实际有不少仍有使用价值，只是需要适当、合理的加固与改造。从宏观上讲，如能充分利用既有建筑，则是最大资源节约。因此，本书对激活既有建筑使用寿命的研究，具有重要的现实意义与实用价值。

随着我国经济建设进入快速发展阶段，土地资源日趋紧张，建筑能耗在总能耗中所占比例逐年攀升，既有建筑的改造利用已成为城市建设发展的重要举措。我国每年旧建筑加层改造及节能改造项目已呈增长趋势，如何在政府的相关配套政策支持下，科学地利用加层改造技术，解决既有建筑物的扩容，并通过加层改造更好地实现建筑节能问题，已成为政府和相关企业关注和研究的焦点。既有建筑加层改造的同时建筑寿命也得到了延长。建筑寿命的延长是最大的节能，也是最大的节约，由于我国长期以来在既有建筑的问题上，“重新建、轻改造”，没有形成既有建筑维护维修的制度性保障。推倒重建造成了很大的浪费。由于住房解困的巨大缺口和各地方政府经济实力之间的差距过大，对城市旧建筑的抗震加固、加层改造是我国推进旧城改造进程，延长建筑物耐用年限，减少固定资产投资和环境保护的重要方式，也是发展方向。

在我国大规模新建项目发展的同时，既有建筑改造项目也不断推进实施。在工程实际中，有相当多的旧建筑在改造过程中，需采取抗震加固和加层改造措施以满足新的使用功能。部分工程因某种原因导致工程质量存在一定缺陷，需加固处理后，才能满足结构安全及使用要求，此类工程呈现逐年增长现象。按照人民总体生活水平的提高和国家节能减排战略的要求，以往一大批既有建筑在建筑节能上已不能满足现有规范要求，急需通过改造来完善使用功能和建筑节能。

本书可用于指导相关行业的发展，使旧城改造走可持续发展、整合资源、创新发展之路。本研究将进一步推动我国老旧建筑抗震加固、加层改造、节能减排等的发展，具有长远的社会效益、经济效益与环境效益。因此，既有建筑加层改造具有广阔的发展前景，同时也是一项利国利民的大事情。

参考文献

［1］建筑物抗震加固技术规程 JGJ 116—2009，北京：中国建筑工业出版社，2009 年.

［2］建筑物移位纠倾加层改造技术规范 CECS 225：2007，北京：中国计划出版社，2008 年.

［3］建筑结构荷载规范 GB 50009—2001，北京：中国建筑工业出版社，2006 年.

［4］高层建筑混凝土结构技术规程 JGJ 3—2010，北京：中国建筑工业出版社，2010 年.

［5］建筑抗震设计规范 GB 50011—2010，北京：中国建筑工业出版社，2010 年.

［6］混凝土结构设计规范 GB 50010—2002，北京：中国建筑工业出版社，2002 年.

［7］刘子华，韩雪，佟道林等，工程抗震与加固改造——既有建筑物加层改造技术探讨，2007 年 6 月.

［8］郑先元，既有建筑结构改造鉴定与加层技术.

［9］混凝土结构加固设计规范 GB 50367—2006，北京：中国建筑工业出版社，2006 年.

［10］混凝土结构加固技术规范 CECS 25：90，北京：中国计划出版社，1990 年.

［11］砌体结构设计规范 GB 50003—2001，北京：中国建筑工业出版社，2001 年.

［12］钢结构设计规范 GB 50017—2003，北京：中国建筑工业出版社，2003 年.

［13］建筑抗震鉴定标准 GB 50023-2009，北京：中国建筑工业出版社，2009 年.

[14] 既有建筑地基基础加固技术规程 JGJ 123—2000，北京：中国建筑工业出版社，2000 年.

[15] 建筑地基处理技术规范 JGJ 79—2002，北京：中国建筑工业出版社，2002 年.

[16] 混凝土结构后锚固技术规程 JGJ 145—2004，北京：中国建筑工业出版社，2004 年.

[17] 砖混结构房屋加层技术规程 CECS 78：96，北京：中国建筑工业出版社，1996 年.

[18] 钢结构加固技术规范 CECS 77：96，北京：中国建筑工业出版社，1996 年.

[19] 建筑物移位纠倾增层改造技术规范 CECS 225：2007，北京：中国建筑工业出版社，2007 年.

[20] 碳纤维片材加固修复混凝土结构技术规程 CECS146：2003，北京：中国计划出版社，2003 年.

[21] 张宗敏，张新中，李雨阁等著，《特种工程新技术》（2006）——植筋锚杆技术在内增层改造中的应用，北京：中国建材工业出版社，2009 年 6 月.

[22] 陈尚建，周玉玲，仇锐等著，《特种工程新技术》（2009）——某建筑增层改造柱脚加固设计与施工，北京：中国建材工业出版社，2009 年 10 月.

[23] 唐业清，林立岩，崔江余等著，建筑物移位纠倾与增层改造，北京：中国建筑工业出版社，2008 年 3 月.

[24] 李伟，陈尚建，蔡坚等著，《施工技术》2011 增刊第 40 卷——某建筑结构加层改造加固设计，2011 年 10 月.

北京筑福国际工程技术有限责任公司简介

北京筑福国际工程技术有限责任公司（以下简称“筑福国际”）是以建筑抗震为核心，服务既有建筑综合改造产业一体化的国际工程技术公司。公司致力于为既有建筑提供全方位检查和诊断，设计解决方案，通过新技术应用，结合行业和区域产业经济发展方向，为中国市场经济初级阶段城市改造建设提供整体策略。设立既有建筑科学研究院、抗震研究所、产业经济研究所、人文环境研究所等科研机构，每年支持上百个研究项目。公司通过国内外技术合作，工程理论研究，大量实际应用总结，现已获得国家专利44项、技术包11个，出版《圈梁抗震加固》等6本行业技术图集，《既有建筑加层体系》等5本图书，发表国内外论文113篇，是中关村领先的高新技术企业，完成ISO三标认证，建立标准可复制的生产流程，拥有工程设计甲级资质等众多相关资质的纵向一体化产业链型建筑工程技术集团。

自1999年成立，公司现有员工402名，其中经济专家、技术大师等高级人才占70%，已形成经济专家为龙头，高级技术人才为骨干，青年生产人员为基础的人才培养和运营环境，是项目进行及技术研发强有力的智力保障，并积极参与到国家行业规范编撰、国家课题研究、国家重点工程等各专业研究专家项目。

筑福国际现有16家国内外分（子）公司，业务辐射中国21个省市以及美国和东南亚。国内设立北京、上海、深圳（香港）、成都发展中心，辐射周边区域；国外设以美国旧金山为核心的北美区域中心。为中国资本走出去，国际技术、文化引进来，搭建了桥梁作用。

2008 年，在全国学校安全工程中建立行业标准，引领行业发展，培训指导山东、河北区域抗震工作，取得了丰富经验；同时还承担了北京医疗卫生系统和军队、武警系统的抗震鉴定工作。2012 年，以既有建筑改造领域的先进技术和丰富经验，成功入围北京市老旧小区抗震节能综合改造政府采购单位名录，完成了北京市主要区县 400 万 m^2 的改造任务，为优化首都城市人居环境，提高社区居住品质，做出了贡献。筑福国际 14 年，共完成了抗震鉴定 3000 万 m^2，加固设计 2000 万 m^2，加固施工 200 万 m^2，为建筑在地震中的安全贡献了有效力量。在上海、福建——建筑加层、加梯等项目的完工，探索出一条解决社会老龄化问题的途径。现在“筑福国际”已经发展成为中国抗震加固、老旧小区改造行业领军品牌。

筑福国际本着开放合作的态度，认真重视并积极参与到国内和国际的合作中来，与美国、丹麦、芬兰、日本、英国等多国的优秀企业和研究机构建立了良好的合作关系。

筑福国际设立房屋检查、改建设计、工程管理、投资管理四大事业部的项目生产系统；营销中心、销售中心的经营系统；产品中心、研究院的研发体系。搭建了生产、市场、技术为核心的“铁三角”管理模式，进一步优化以项目为核心的“矩阵式”管理，四大事业部密切配合，形成建筑全生命周期的技术支撑管理体系。同时加强企业文化建设，塑造企业良好形象，提升企业核心竞争力和凝聚力。

十余年来，筑福国际以建筑安全为己任，通过持续科技创新，为客户提供既有建筑综合解决方案，为社会筑建幸福生活，为成为全球建筑抗震领导者而努力前行！

参考文献

[1] 张启宁，吴国俊 . 基于 Python 网络爬虫技术的乡村旅游数据采集与分析 [J]. 产业科技创新，2023，5（6）：66-68.

[2] 邢博，谢丁丁，李诗韩 . 乡村民宿精益服务：基于顾客网络评价的量表开发与有效性检验 [J]. 旅游科学，2023,1213.001.

[3] 张广海，孟禺 . 国内外民宿旅游研究发展 [J]. 资源开发与市场，2017（4）：503-507.

[4] 高利娟 . 乡村振兴背景下乡村文旅产业高质量融合发展路径探赜 [J]. 中共济南市委党校学报，2023（5）：49-52.

[5] 王峪，王明荣，廖绍云，等 . 宁波加快培育滨海消费新场景的对策研究 [J]. 宁波经济（三江论坛），2023（9）：3-7.

[6] 蔡晓梅，卜美玲，吴泳琪，等 . 制造异托邦：大城市周边乡村民宿集群的空间演变与机制——以深圳市较场尾为例 [J]. 旅游学刊，2022，37（11）：27-39.

[7] 代瑜平，陈为年，邓育明，等 . 基于技术接受模型和创新扩散理论的民宿消费行为影响因素分析 [J]. 重庆科技学院学报（社会科学版），2022（5）：16-26.

[8] 李雪艳，任欣玮，岑雅婷 . 乡土材料在民宿室内设计中的应用研究 [J]. 家具与室内装饰，2021（12）：49-53.

[9] 丁洋，刘慧，李晨晨 . 区域公用品牌的标准化实现路径 [J]. 宏观质量研究，2022，10（5）：103-116.

[10] 田佳琦，刘易作 . 一眼一处景产业大集聚——浙江省宁海县南岭村农文旅融合发展的实践与启示 [J]. 农村工作通讯，2022（14）：46-48.

[11] 程冰，肖悦 . 民宿游客体验感知对桂林世界级旅游城市建设的影响——以疫情防控常态化为背景 [J]. 社会科学家，2022（5）：45-52.

[12] 罗妹梅 . 壮锦与民宿融合发展研究 [J]. 武汉商学院学报，2020，34（6）：64-69.

[13] 仇叶 . 乡村旅游产业的过密化及其对乡村振兴的影响——对乡村产业振兴路径的反思 [J]. 贵州社会科学，2020（12）：155-162.

[14] 黄晨玥 . 乡村旅游背景下民宿设计体验性研究——以莫干山民宿为例 [J]. 大众文艺，2019（24）：77-78.

[15] 王昆欣，张苗荧 . 乡村旅游新业态研究 [M]. 杭州浙江大学出版社，2019.

[16] 薛艳杰 . 都市现代乡村建设 [M]. 上海：上海人民出版社，2019.

[17] 郑有贵 . 中国乡村发展研究 [M]. 武汉：华中科技大学出版社，2019.

[18] 吉根宝，孔祥静，王丽娟，等 . 基于乡村振兴战略的乡村文化保护与旅游利用 [M]. 南京：南京大学出版社，2021.